즐깨감
1학년 완벽대비
입학 준비
7세 수학 수

즐깨감 입학 준비 7세 수학_수

1판 1쇄 인쇄 2022년 11월 20일
1판 1쇄 발행 2022년 12월 20일

와이즈만 영재교육연구소 지음 | 이현주 정호선 그림

발행처 | 와이즈만 Books
발행인 | 염만숙
출판문화사업본부장 | 김현정 편집 | 오미현 원선희
디자인 | (주)창의와탐구 디자인팀
마케팅 | 강윤현 백미영

출판등록 | 1998년 7월 23일 제22-1334
주소 | 서울특별시 서초구 남부순환로 2219 나노빌딩 5층
전화 | 마케팅 02-2033-8987 편집 02-2033-8928
팩스 | 02-3474-1411
전자우편 | books@askwhy.co.kr
홈페이지 | mindalive.co.kr

이 도서의 국립중앙도서관 출판시도서목록(CIP)은 서지정보유통지원시스템 홈페이지(http://seoji.nl.go.kr)와국가자료공동목록시스템(http://www.nl.go.kr/kolisnet)에서 이용하실 수 있습니다. (CIP제어번호 : CIP2013027867)

'즐깨감 입학 준비 7세 수학'시리즈를 통해 초등 1학년 개정 수학교과서를 미리 준비하세요!

새로운 교육 과정은 미래 사회에 대비한 창의력과 인성을 키우는 것을 목표로 하고 있습니다. 따라서 단순 암기해야 하는 내용은 대폭 줄고, 프로젝트 학습이나 토의, 토론식 수업 중심이 됩니다. 또한 각 과목 간 융합을 통한 '창의적 융합인재 육성' 이른바 'STEAM' 교육이 강조되고 있습니다. 특히 수학은 논리적 사고와 문제 해결 과정 중심으로 개편되고 있습니다. 이제까지의 단순 암기식 학습이 아니라 스스로 개념과 원리를 이해하고 탐구할 수 있도록 근본적인 학습 태도와 학습 동기를 변화시키고자 하는 의지를 담고 있는 것입니다.

'즐깨감 입학 준비 7세 수학' 시리즈는 초등학교 입학을 앞두고 있는 7세 어린이들을 위해 와이즈만 영재교육연구소에서 오랫동안 창의사고력 수학 교재를 집필하신 선생님들이 만든 책입니다.

1학년 개정 수학교과서 방식으로 구성하여 초등 입학 준비용 교재로 아이들이 수학에 대한 흥미를 가지고 쉽게 접근할 수 있도록 하였습니다. 7세 아이들은 본 교재를 통해 재미있는 수학을 접하고 원리를 탐구하는 습관을 기르면서 초등 1학년 과정을 완벽하게 대비할 수 있습니다.

'즐깨감 입학 준비 7세 수학' 시리즈의 학습 경험이 초등 수학에 대한 자신감을 높이고 아이들의 즐거운 학교생활로 이어지기를 바랍니다.

와이즈만 영재교육연구소 소장 이 미 경

구성과 특징

말하는 남생이

옛날 어느 마을에 홀어머니를 모시고 사는 나무꾼이 있었어.
나무꾼은 날마다 부지런히 나무를 했지.
그날도 나무꾼은 구슬땀을 흘리며 도끼질을 했어.
어느새 나무가 한 점이 됐지.
나무꾼은 나무토막의 숫자를 세며 중얼거렸지.
"나무토막이 1, 2, 3, 4, 5
와, 나무를 팔아서 우리 어머니 떡을 사드려야지."

그런데 어디선가 똑같은 말이 흘러나오지 않겠어?
"나무토막이 하나, 둘, 셋, 넷, 다섯!
와, 이 나무를 팔아서 우리 어머니 떡을 사드려야지."
나무꾼은 주위를 두리번거렸어.
그런데 바위 위에 작은 남생이가 하나 앉아 있지 뭐야.
"네가 날 따라했니?"
"네가 날 따라했니?"
어머나, 남생이가 나무꾼의 말을 똑같이 따라하네.
그래, 이 남생이는 숫자도 셀 줄 알고
말도 할 줄 아는 신기한 남생이었던 거야.

수학 동화

이야기 속에 재미있고 다양한 수학적 문제 상황이 숨어 있습니다.
재미있는 이야기도 읽고, 이야기를 통해 수학적 문제 상황을 자연스럽게 받아들여 수학이 일상생활과 밀접한 관련이 있다는 것을 알 수 있습니다.

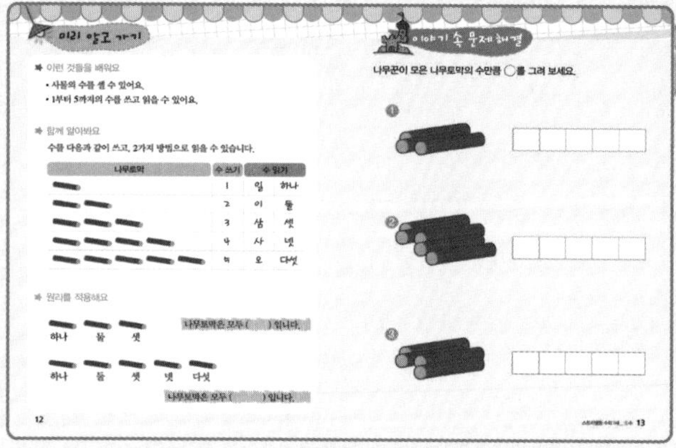

미리 알고 가기

이런 것들을 배워요
- 사물의 수를 셀 수 있어요.
- 1부터 5까지의 수를 쓰고 읽을 수 있어요.

함께 알아봐요

수를 다음과 같이 쓰고, 2가지 방법으로 읽을 수 있습니다.

나무토막	수 쓰기	수 읽기	
	1	일	하나
	2	이	둘
	3	삼	셋
	4	사	넷
	5	오	다섯

원리를 적용해요

하나 둘 셋 — 나무토막은 모두 (　　) 입니다.

하나 둘 셋 넷 다섯 — 나무토막은 모두 (　　) 입니다.

12

이야기 속 문제해결

나무꾼이 모은 나무토막의 수만큼 ◯를 그려 보세요.

①

②

③

13

미리 알고 가기

학습 전 · 후 개념을 익히고 정리하는 데 도움이 됩니다.
[이런 것들을 배워요] 단원에서 꼭 알고 가야 하는 학습 목표
[함께 알아봐요] 수학 원리 이해
[원리를 적용해요] 원리를 적용하여 간단히 풀어 보는 유형 문제

이야기 속 문제해결

이야기 속에 숨은 수학적 문제 상황을 찾아 단계적으로 해결해 봅니다. 주인공이 처한 상황을 이해하고 문제를 해결하면서 수학적 문제해결력을 기를 수 있습니다.

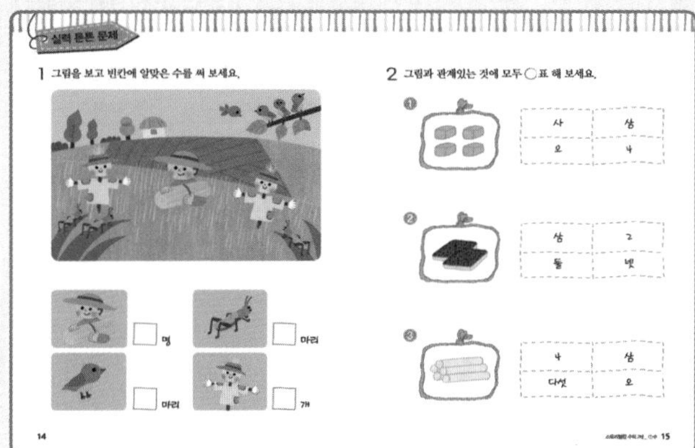

실력 튼튼 문제

각 단원마다 기초 실력을 튼튼히 할 수 있는 사고력 문제를 제시합니다.
앞서 학습한 [미리 알고 가기]의 내용을 떠올리면서 문제 해결의 자신감과 수학에 대한 흥미를 키웁니다.

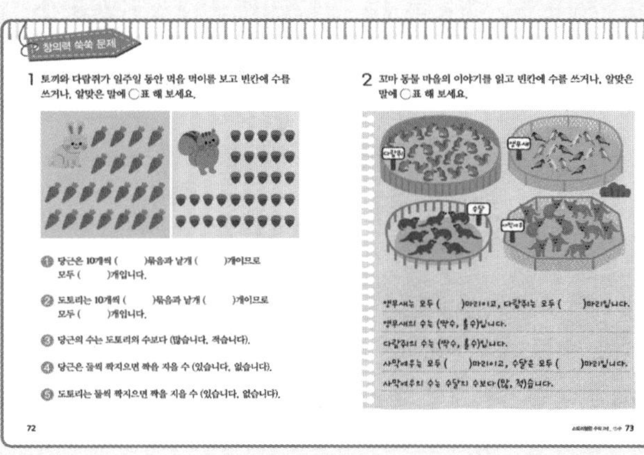

창의력 쑥쑥 문제

앞서 배운 단원의 종합 문제로 3~4단원마다 학습 내용을 정리하며 사고력과 수학적 추론 능력, 창의적 문제해결력을 키울 수 있습니다.

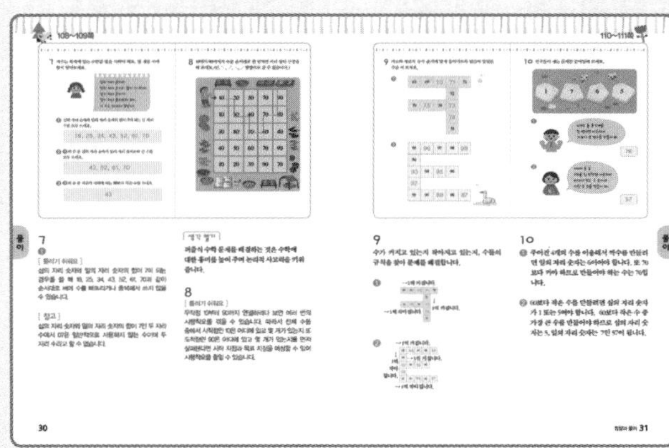

정답과 풀이

정답을 한눈에 알아볼 수 있도록 본문과 같은 이미지 위에 파란색으로 답을 표기하였고, 본문 바로 아래에는 [풀이] [생각 열기] [틀리기 쉬워요] [참고]를 따로 구성하여 문제에 대한 이해를 도왔습니다.

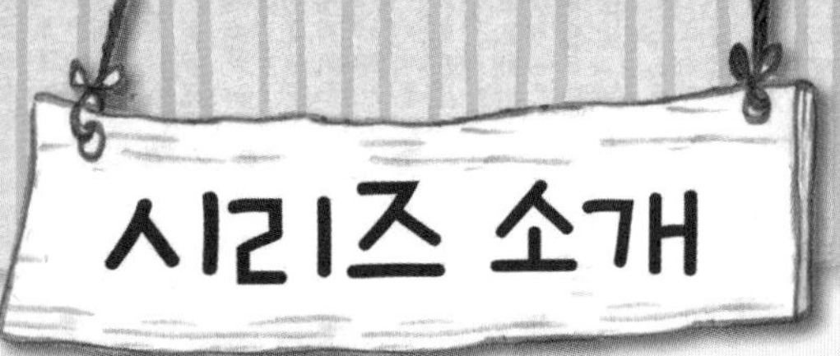

〈즐깨감〉은 스스로 생각하는 힘을 길러 줍니다.

와이즈만 영재교육의 창의사고력 수학 시리즈

1. 일반 수학 문제들이 유형화되어 있는 것과는 달리, 학생들에게 익숙하지 않은 새로운 문제들이 나옵니다. 또한 생활 속 주제들을 수학의 소재로 삼아 수학을 친근하게 느끼도록 하여 주변에서 수학 원리를 탐구하고 관찰할 수 있습니다.
2. 반복 연습이 아닌, 사고의 계발을 중시합니다. 새 교과서가 추구하고 있는 수학적 사고력, 수학적 추론 능력, 창의적 문제해결력, 의사소통 능력을 강화하고 있습니다.
3. 수학교과서에서 많이 다루어지는 소재가 아닌 스토리텔링, 퍼즐식 문제 해결 같은 흥미로운 소재를 사용합니다. 재미있는 활동이 수학적 호기심과 흥미를 자극하여 수학적 사고력의 틀을 형성시켜 줍니다.
4. 난이도별 문제 해결보다는 사고의 흐름에 따른 확장 과정을 중시합니다.

6세에는 즐깨감 수학

7세에는 즐깨감 수학

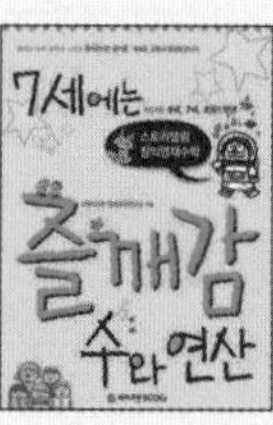

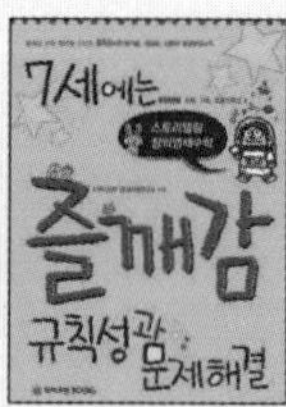

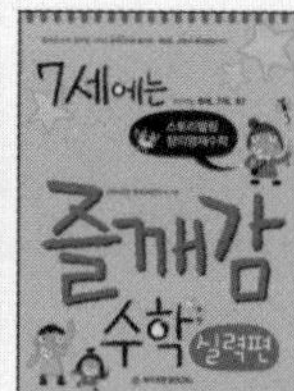

즐깨감 입학 준비 7세 수학

1학년에는 즐깨감 수학

2학년에는 즐깨감 수학

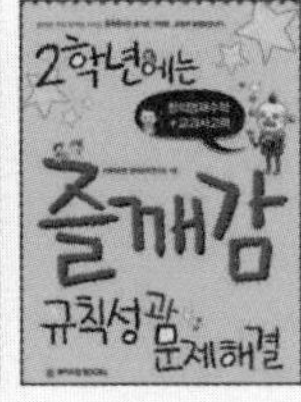

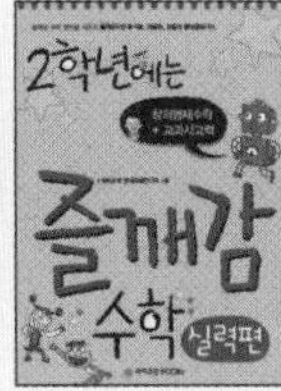

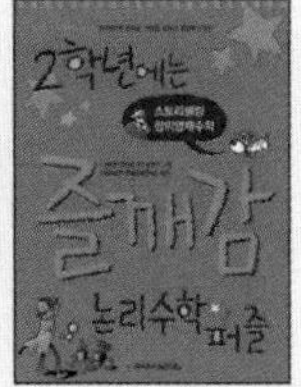

3학년에는 즐깨감 수학

4학년에는 즐깨감 수학

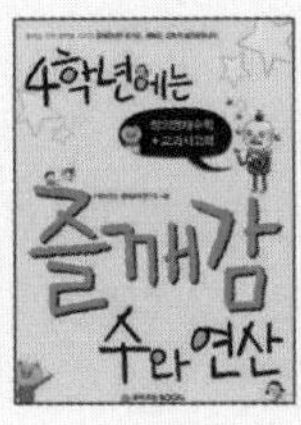

5학년에는 즐깨감 수학

6학년에는 즐깨감 수학

차례

말하는 남생이

옛날 어느 마을에 홀어머니를 모시고 사는 나무꾼이 있었어.
나무꾼은 날마다 부지런히 나무를 했지.
그날도 나무꾼은 구슬땀을 흘리며 도끼질을 했어.
어느새 나무가 한 짐이 됐지.
나무꾼은 나무토막의 숫자를 세며 중얼거렸지.
“나무토막이 1, 2, 3, 4, 5
와, 나무를 팔아서 우리 어머니 떡을 사드려야지.”

그런데 어디선가 똑같은 말이 흘러나오지 않겠어?
"나무토막이 하나, 둘, 셋, 넷, 다섯!
와, 이 나무를 팔아서 우리 어머니 떡을 사드려야지."
나무꾼은 주위를 두리번거렸어.
그런데 바위 위에 작은 남생이가 하나 앉아 있지 뭐야.
"네가 날 따라했니?"
"네가 날 따라했니?"
어머나, 남생이가 나무꾼의 말을 똑같이 따라하네.
그래, 이 남생이는 숫자도 셀 줄 알고
말도 할 줄 아는 신기한 남생이었던 거야.

이런 것들을 배워요

- 사물의 수를 셀 수 있어요.
- 1부터 5까지의 수를 쓰고 읽을 수 있어요.

함께 알아봐요

수를 다음과 같이 쓰고, 2가지 방법으로 읽을 수 있습니다.

나무토막	수 쓰기	수 읽기	
(나무토막 1개)	1	일	하나
(나무토막 2개)	2	이	둘
(나무토막 3개)	3	삼	셋
(나무토막 4개)	4	사	넷
(나무토막 5개)	5	오	다섯

원리를 적용해요

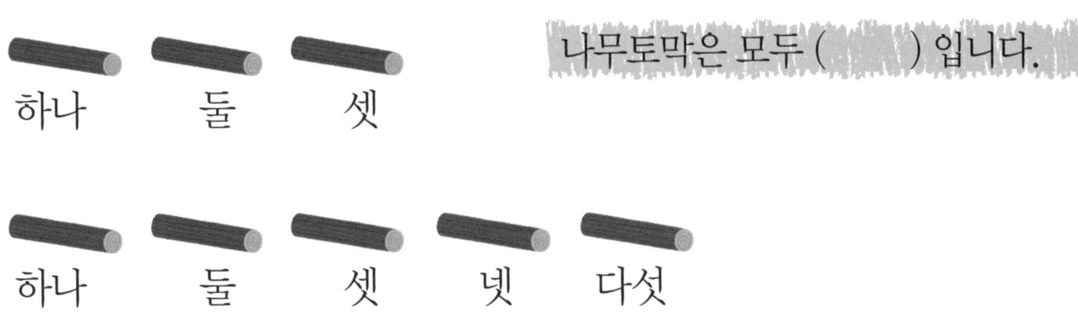

이야기 속 문제 해결

나무꾼이 모은 나무토막의 수만큼 ◯를 그려 보세요.

1

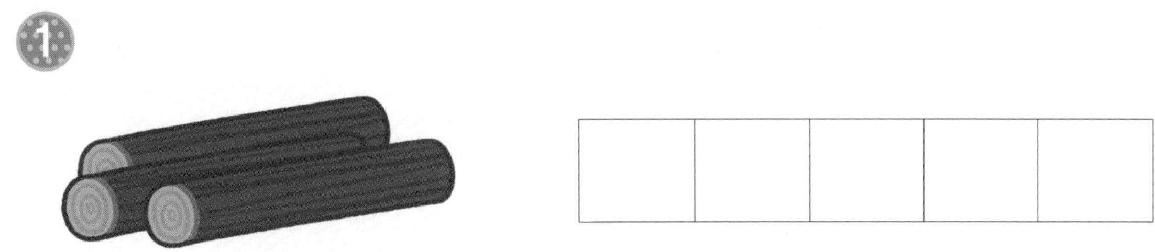

2

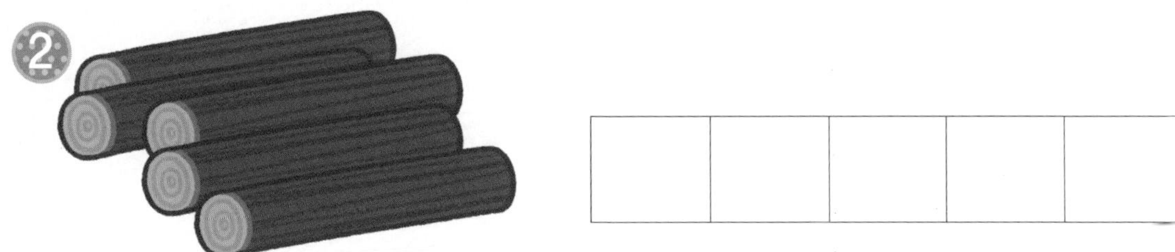

3

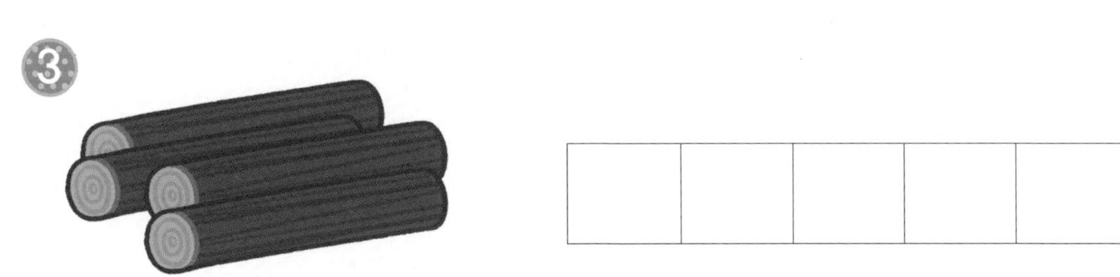

1 그림을 보고 빈칸에 알맞은 수를 써 보세요.

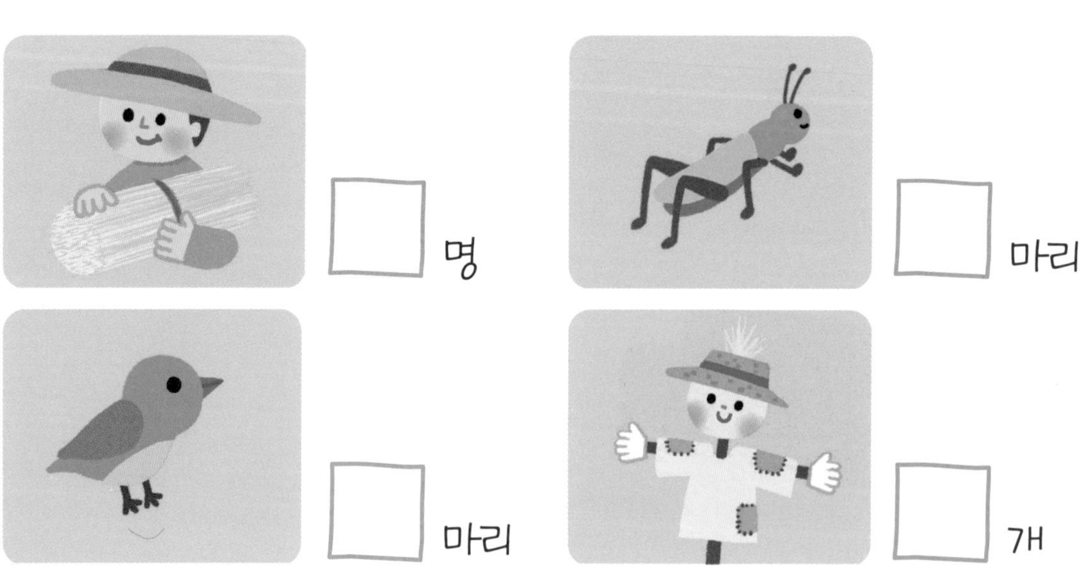

2 그림과 관계있는 것에 모두 ◯표 해 보세요.

①

사	삼
오	4

②

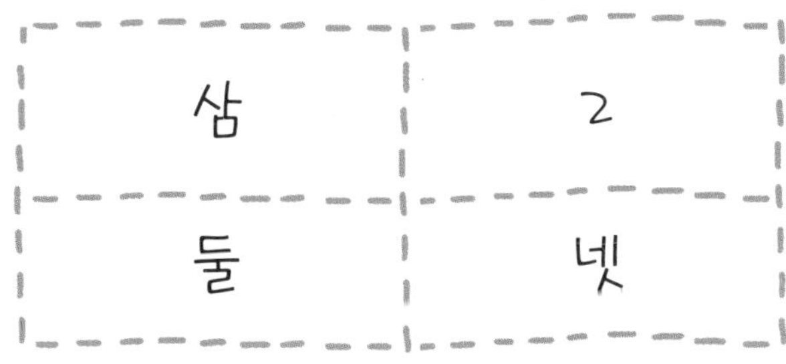

삼	2
둘	넷

③

4	삼
다섯	오

3 주어진 동물의 수만큼 농장에 동물 붙임 딱지 를 붙여 보세요.

오리 3마리, 고양이 1마리, 닭 2마리, 병아리 5마리, 토끼 4마리

4 1부터 5까지 순서대로 줄을 그어서 토끼의 집을 찾아보세요.

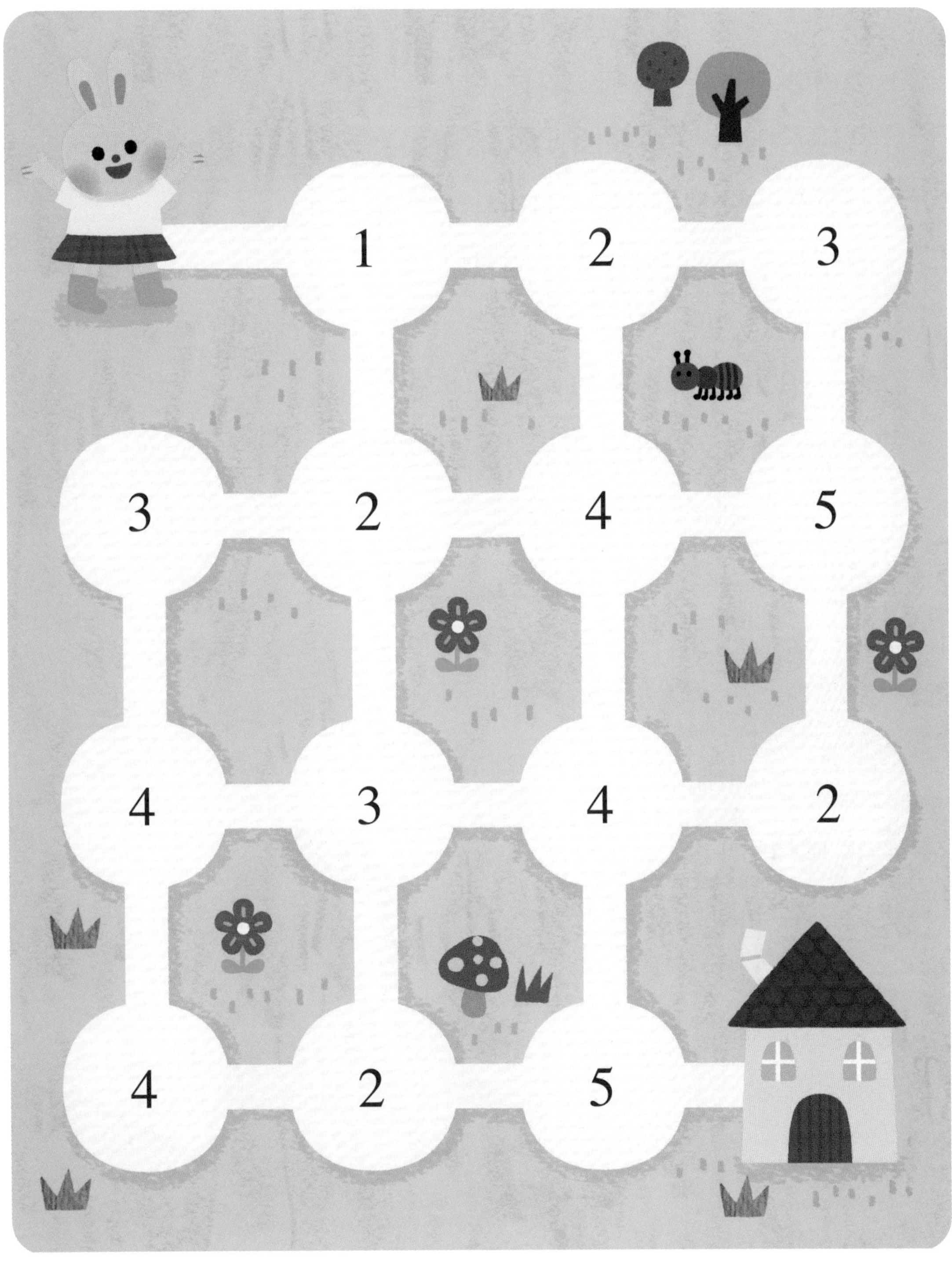

남생이의 셈하기

나무꾼은 신기한 남생이를 데리고 장터로 갔어.

그러고는 사람들에게 소리쳤지.

“자, 숫자도 셀 줄 알고 말도 할 줄 아는 남생이 구경하세요!”

나무꾼의 말에 사람들이 북적북적 몰려들었어.

나무꾼은 남생이에게 말을 시켰지.

“여러분, 안녕하세요.”

“여러분, 안녕하세요.”

남생이가 나무꾼의 말을 똑같이 따라했어.

그 모습을 본 사람들은 박수를 쳤지.

나무꾼은 어깨가 우쭐해졌어.
"이 남생이는 못하는 게 없답니다."
그러자 한 장사꾼이 물었어.
"그 남생이가 셈도 할 줄 아는가?
만약 셈을 할 줄 안다면 구경 값으로 엽전 한 냥을 주지."
"그럼요, 이 남생이는 못 하는 게 없어요."
그러자 장사꾼은 왼손에는 대추 한 알,
오른손에는 대추 두 알을 움켜쥐고 물었어.
"남생아, 남생아. 어느 손에 대추가 더 많이 있느냐?"
그랬더니 남생이가 냉큼 오른쪽으로 고개를 돌리지 뭐야.
사람들의 입에서 "와!" 하고 탄성이 터져 나왔지.

미리 알고 가기

이런 것들을 배워요

- 하나 더 많은 것과 하나 더 적은 것을 알 수 있어요.
- 0의 개념을 이해하고, 0을 읽고 쓸 수 있어요.

함께 알아봐요

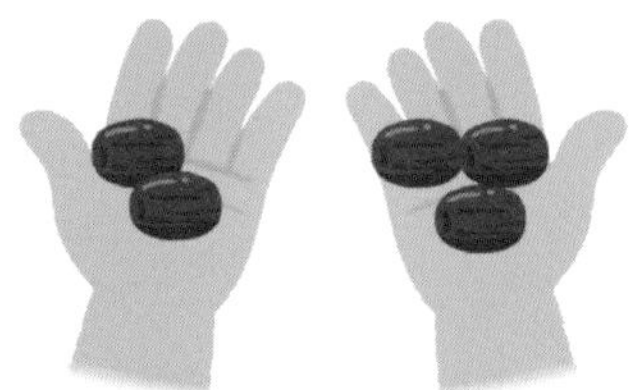

오른손에 있는 대추는 왼손에 있는 대추보다 하나 더 많습니다.

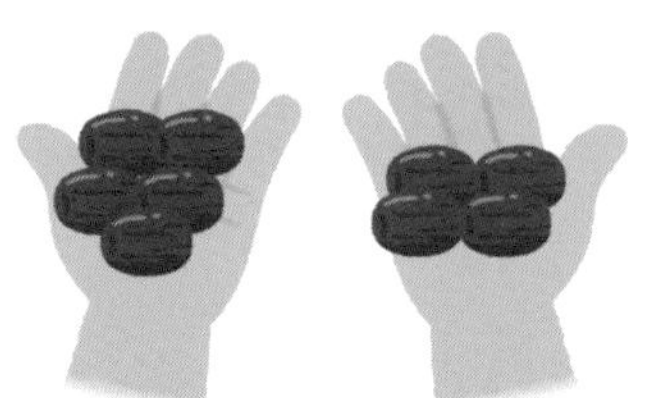

오른손에 있는 대추는 왼손에 있는 대추보다 하나 더 적습니다.

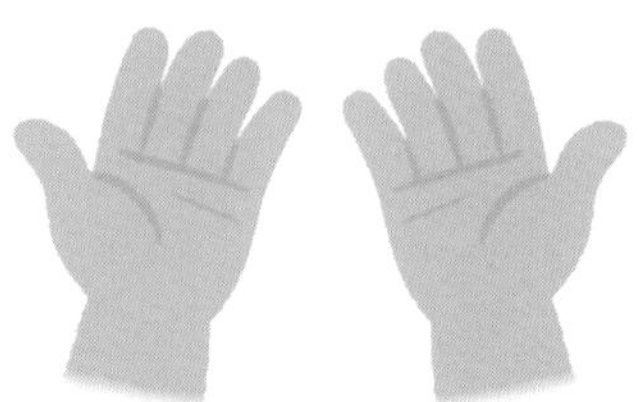

하나도 없는 것은 0이라 쓰고, 영이라고 읽습니다.

다람쥐는 도토리보다 많습니다.
다람쥐는 5이고, 도토리는 3입니다.
5는 3보다 큽니다.

다람쥐는 도토리보다 적습니다.
다람쥐는 2이고, 도토리는 4입니다.
2는 4보다 작습니다.

원리를 적용해요

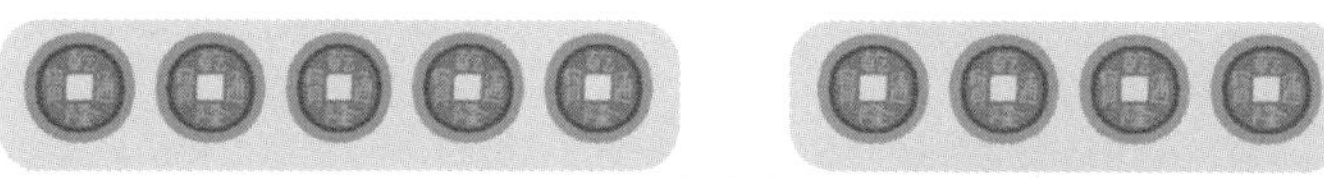

왼쪽에 있는 엽전은 오른쪽에 있는 엽전보다 하나 더 (   ).

왼쪽에 있는 엽전은 오른쪽에 있는 엽전보다 하나 더 (   ).

이야기 속 문제 해결

 를 읽고 구경꾼의 빈손에 알맞은 수의 대추만큼 ◯를 그려 보세요.

1

왼손에 있는 대추가
오른손에 있는 대추보다
하나 더 많습니다.

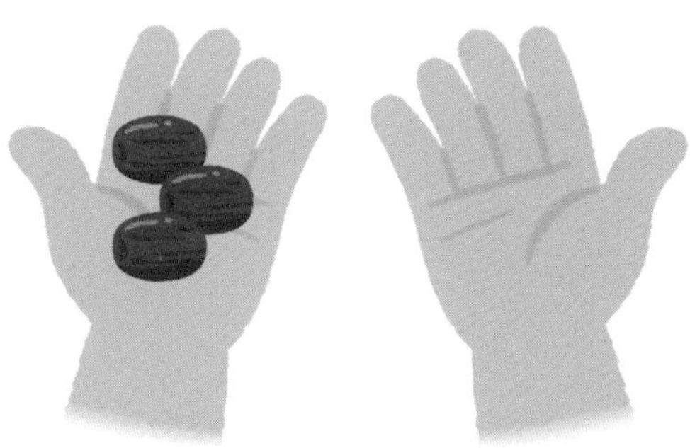

2

왼손에 있는 대추가
오른손에 있는 대추보다
하나 더 적습니다.

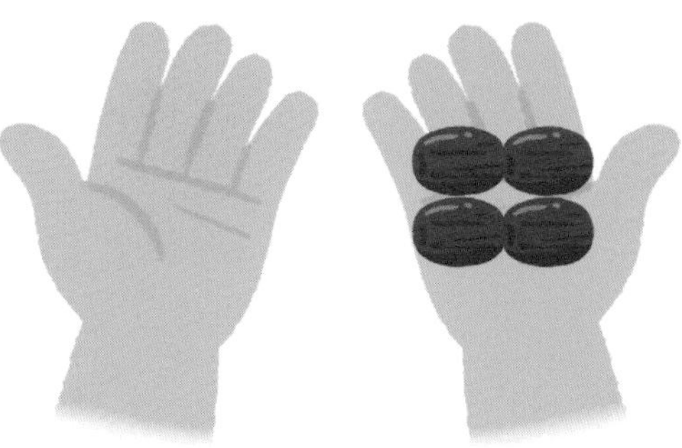

3

왼손에는 대추가
하나도 없고 오른손에는
대추가 2개 있습니다.

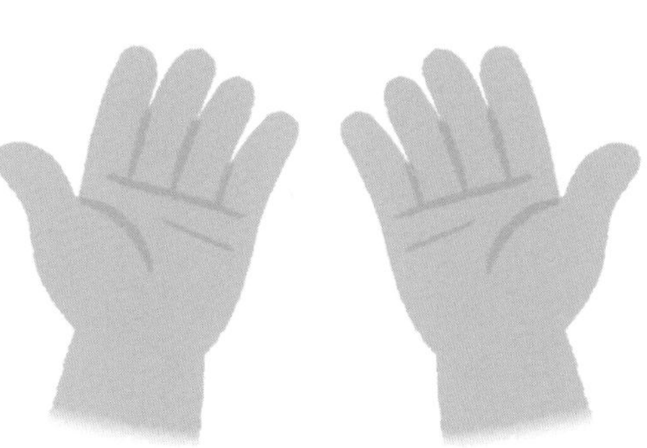

실력 튼튼 문제

1 바구니의 달걀을 보고 물음에 답해 보세요.

① 바구니에 있는 달걀의 수보다 하나 더 적게 달걀을 낳은 닭에 ○표 하세요.

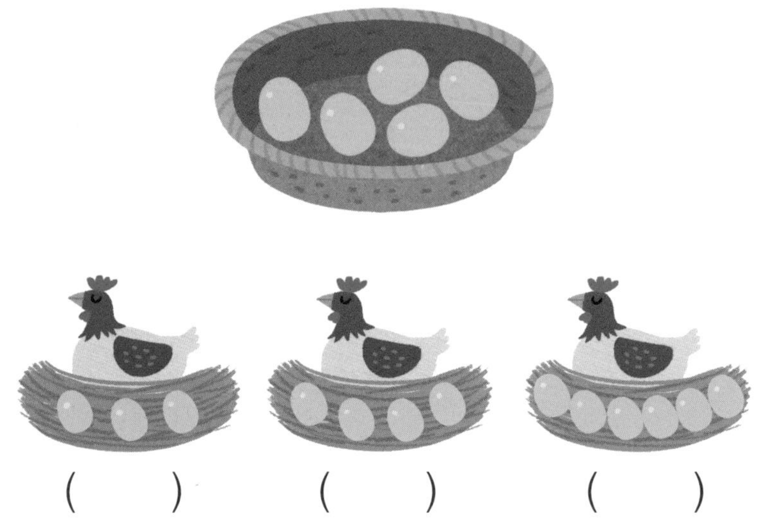

( ) ( ) ( )

② 바구니에 있는 달걀의 수보다 하나 더 많게 달걀을 낳은 닭에 ○표 하세요.

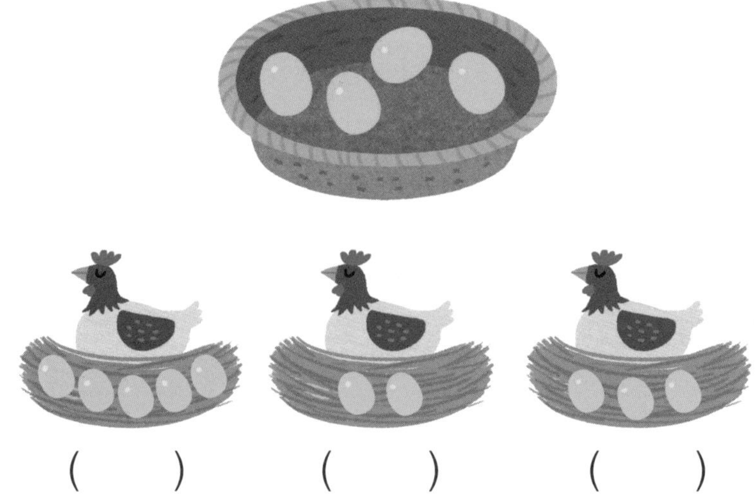

( ) ( ) ( )

2 주머니 속에 몇 개가 들어 있는지 알맞은 수를 써 보세요.

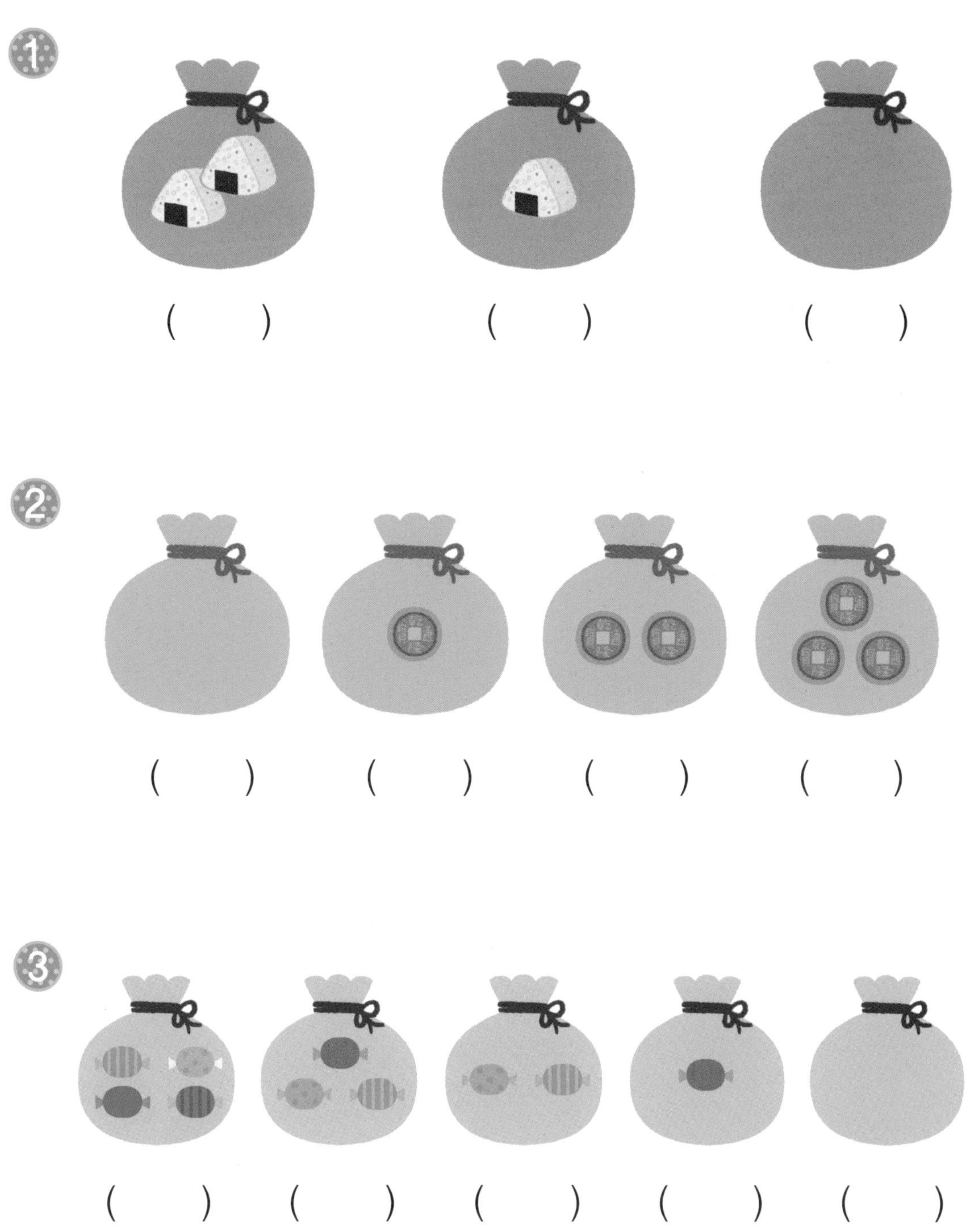

3 맞는 말이 있는 길을 따라가 다람쥐가 갖게 되는 도토리에 ◯표 해 보세요.

4 그림보다 하나 더 많은 수에 ○표, 하나 더 적은 수에 △표 해 보세요.

먹을거리가 듬뿍!

"정말 신기한 남생이로구나!"
사람들은 남생이에게 떡이며, 과일이며,
고기 같은 것도 아낌없이 갖다 주었지.
어느새 남생이 앞에는 먹을 것이 수북하게 쌓였지.
"아이고, 이게 다 웬 거야!"
이튿날도 나무꾼은 남생이를 장터로 데리고 갔어.
남생이는 또 나무꾼의 말을 술술 따라했지.
그랬더니 그걸 본 사람들은
남생이 앞에다가 먹을 걸 갖다 놨어.

맨 먼저 과일 장수가 남생이 앞에 사과 다섯 개를 갖다놨지.
그랬더니 이웃 마을 아낙네가 한 개를 더 놔뒀어.
그걸 본 꼬마가 사과 한 개를 더 두었지.
그랬더니 지나가던 할머니가
또 사과 하나를 갖다 놓지 뭐야.

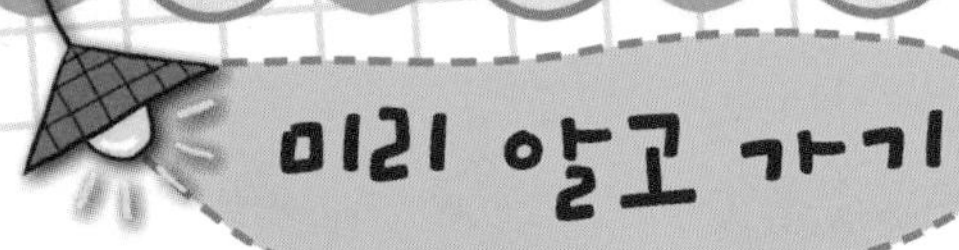

이런 것들을 배워요

- 6부터 9까지의 수를 쓰고 읽을 수 있어요.
- 수의 크기를 비교할 수 있어요.

함께 알아봐요

수를 다음과 같이 2가지 방법으로 읽을 수 있습니다.

사과	수 쓰기	수 읽기	
	6	육	여섯
	7	칠	일곱
	8	팔	여덟
	9	구	아홉

원리를 적용해요

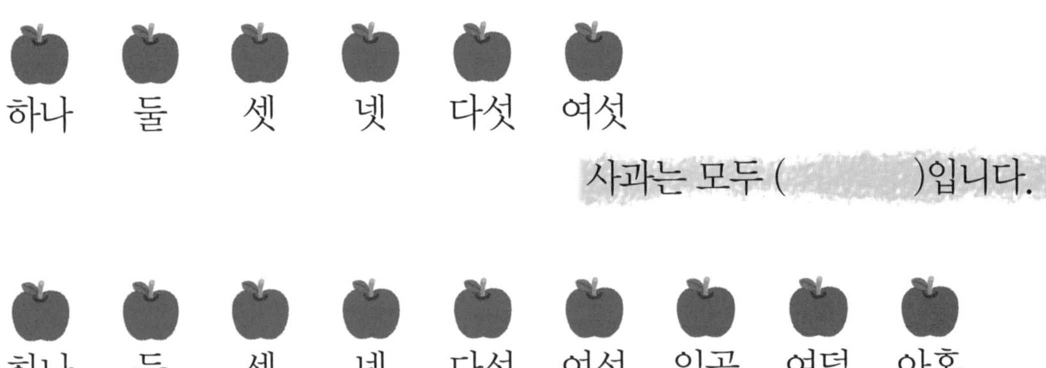

사과는 모두 (   )입니다.

사과는 모두 (   )입니다.

이야기 속 문제 해결

과일의 수가 하나씩 커지는 것을 모두 찾아 ◯표 해 보세요.

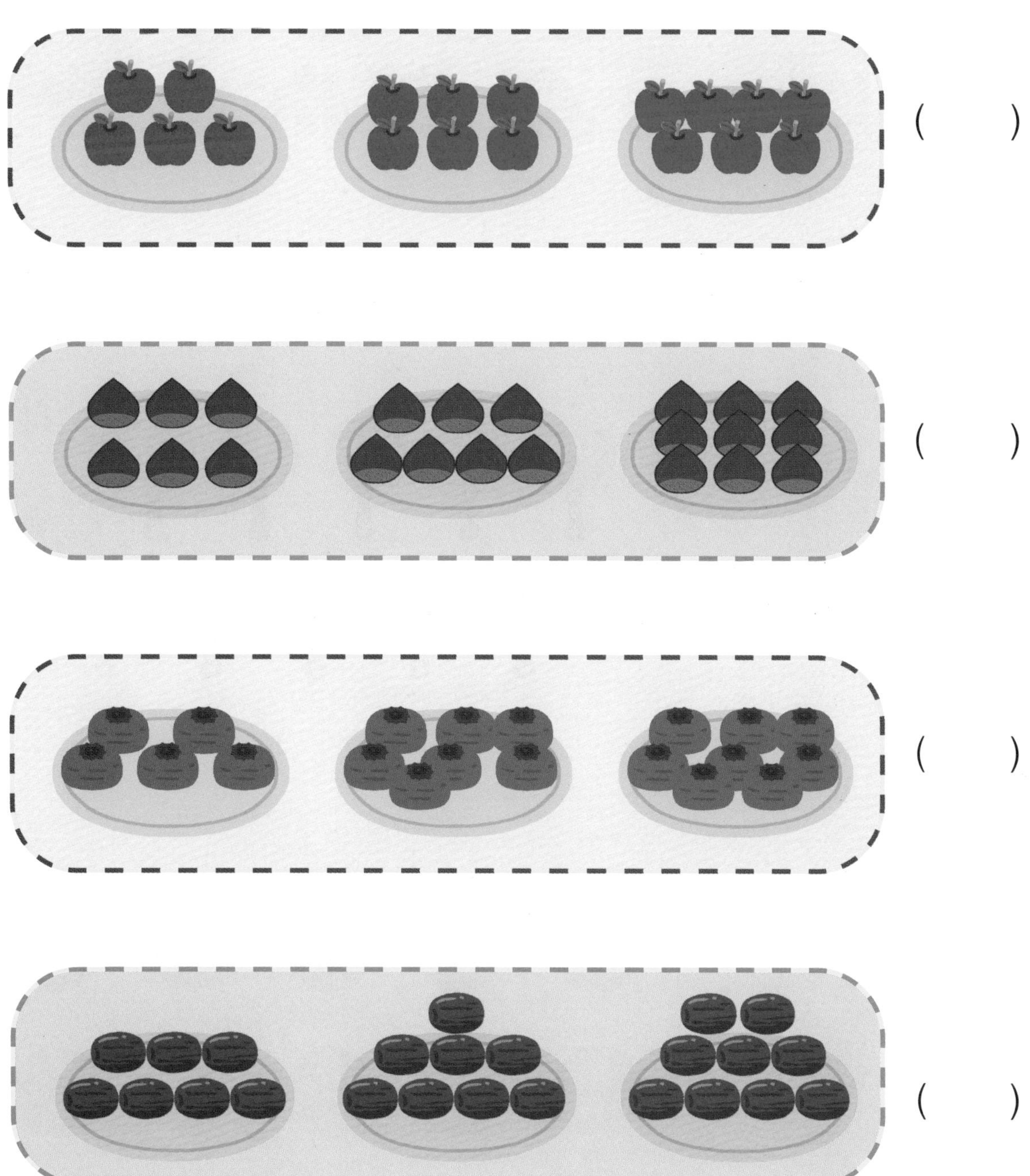

(   )

(   )

(   )

(   )

실력 튼튼 문제

1 주어진 수만큼 물건을 묶어 보세요.

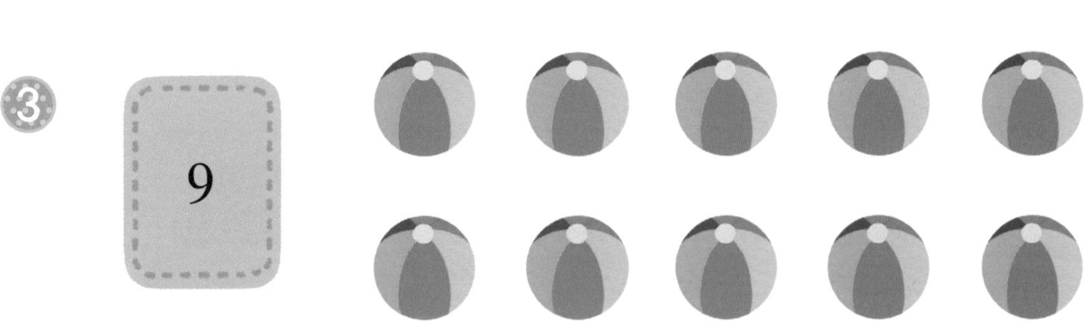

2 과일의 수를 세어 빈칸에 알맞은 수를 써 보세요.

3 ★과 ♥의 수를 세고 개수가 더 많은 쪽에 ◯표 해 보세요.

①

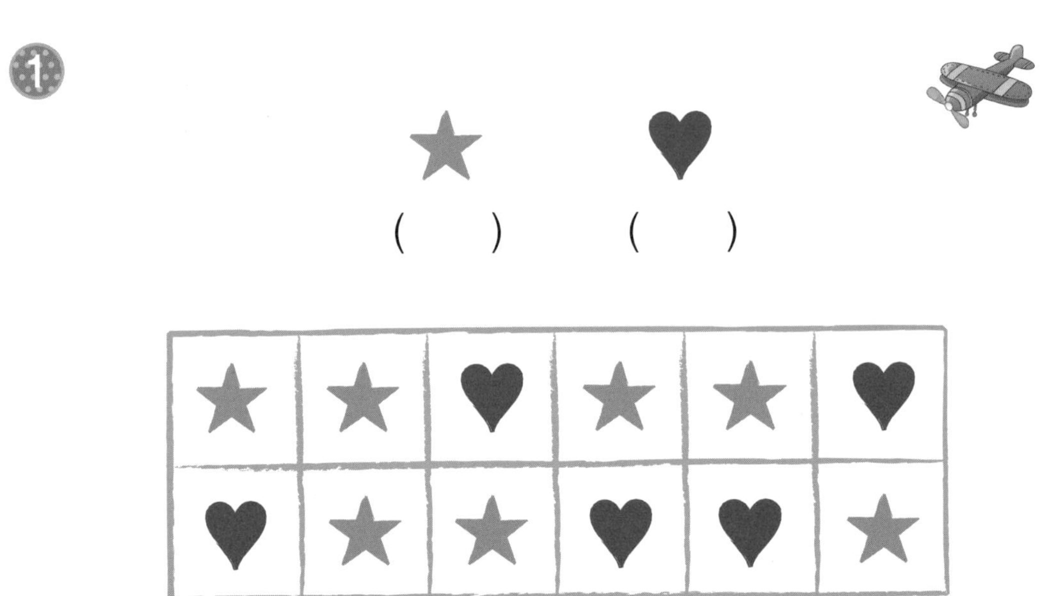

②

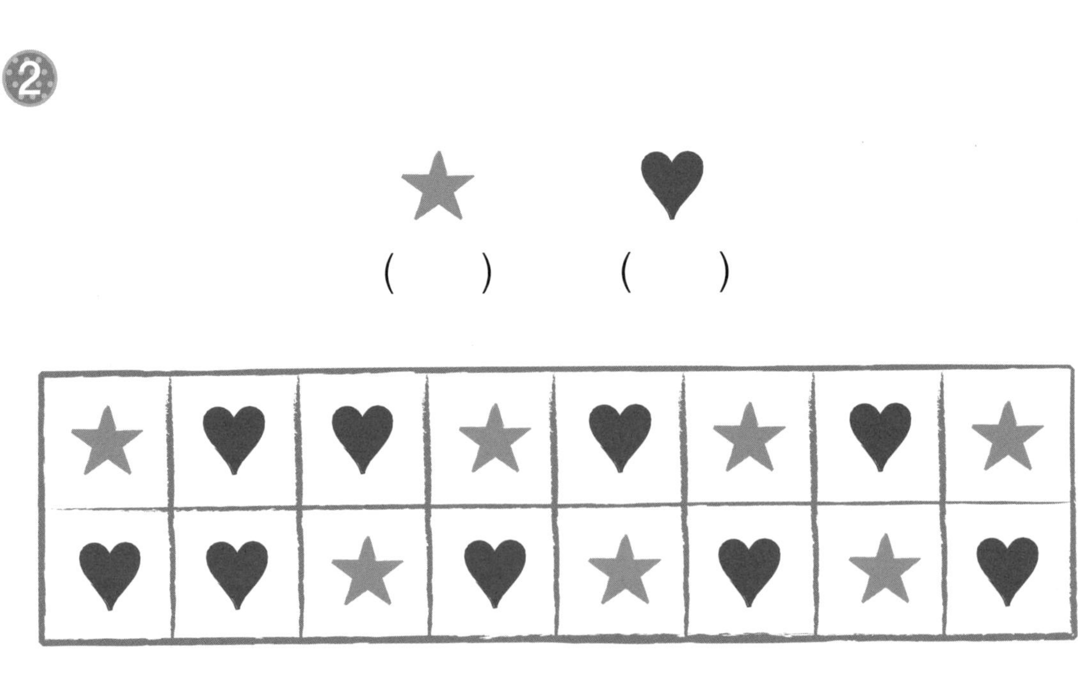

4 ■ 안의 수만큼 빈칸을 색칠하고 알맞은 말에 ◯표 해 보세요.

❶

8										
5										
7										

① 8은 7보다 (큽니다, 작습니다).

5는 8보다 (큽니다, 작습니다).

② 가장 작은 수는 (8, 5, 7)입니다.

가장 큰 수는 (8, 5, 7)입니다.

❷

6										
9										
4										

① 4는 6보다 (큽니다, 작습니다).

9는 6보다 (큽니다, 작습니다).

② 가장 작은 수는 (6, 9, 4)입니다.

가장 큰 수는 (6, 9, 4)입니다.

창의력 쑥쑥 문제

1 그림을 보고 빈칸에 알맞은 수를 써 보세요.

신호등 색은
모두 (　　　)개예요.

문어 다리는
모두 (　　　)개예요.

주사위에서 보이는 점은
모두 (　　　)개예요.

오륜기의 동그라미는
모두 (　　　)개예요.

토끼의 귀는
모두 (　　　)개예요.

자동차 바퀴는
모두 (　　　)개예요.

2 같은 수를 나타내는 것끼리 줄로 이어 보세요.

3 순서대로 카드를 놓았어요. 잘못 놓은 카드를 찾아 알맞은 자리로 옮겨 보세요.

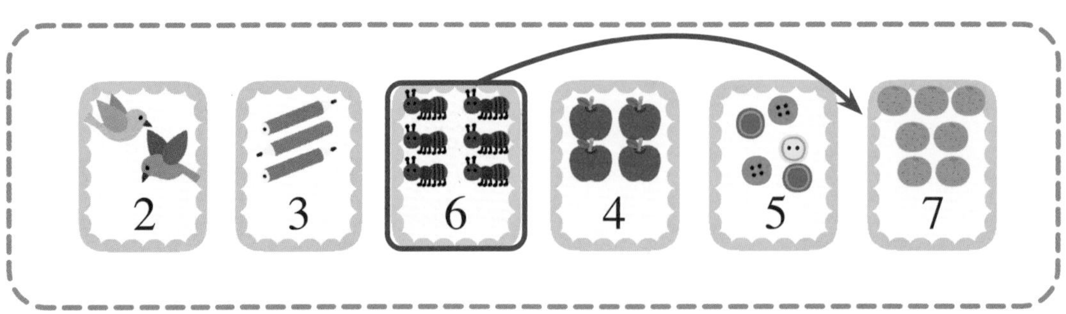

1

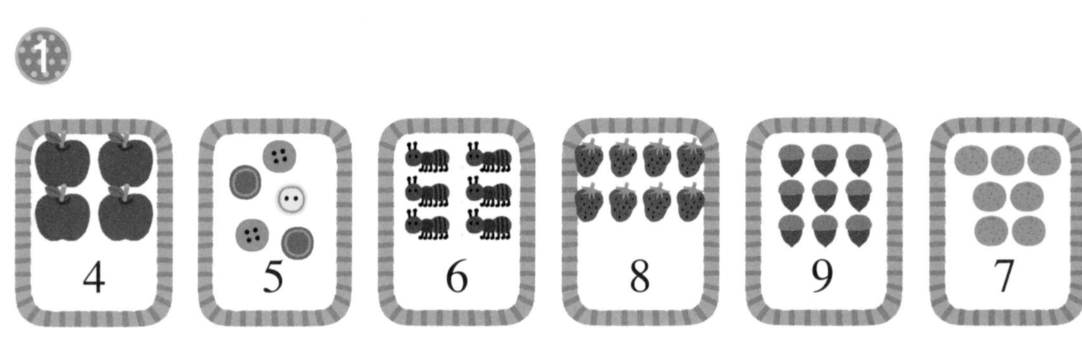

2

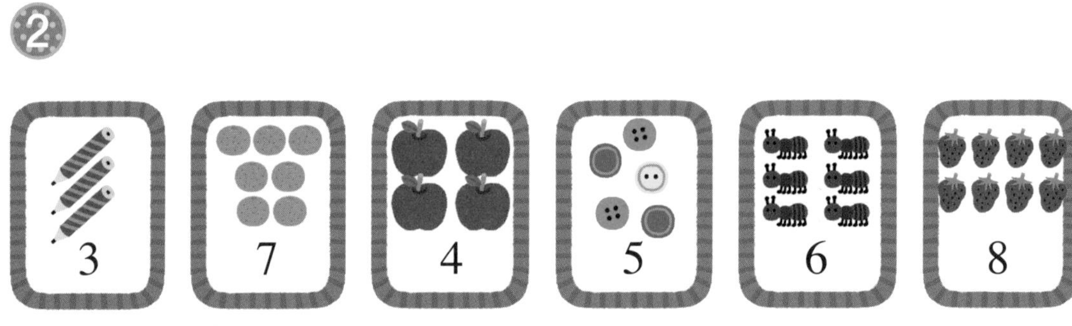

4 수 카드 6장을 순서대로 늘어놓으려고 할 때, ★에 알맞은 수를 찾아보세요.

3 2 ★ 7 5 4

→ 2 3 4 5 ★ 7

★ = 6

①

4 5 9 8 ★ 7

→ □ □ □ □ □ □

★ = □

②

3 5 8 ★ 7 6

→ □ □ □ □ □ □

★ = □

5 똑똑한 남생이가 낸 문제를 해결해 보세요.

① 2와 6 사이의 수 중에서 가장 큰 수는 무엇일까요?

② 5와 9 사이의 수 중에서 가장 작은 수는 무엇일까요?

③ 2와 8 사이의 수 중에서 5보다 큰 수는 모두 몇 개일까요?

개

④ 3과 9 사이의 수 중에서 7보다 작은 수는 모두 몇 개일까요?

개

6 분홍색 빈칸에 들어갈 알맞은 수를 써 보세요.

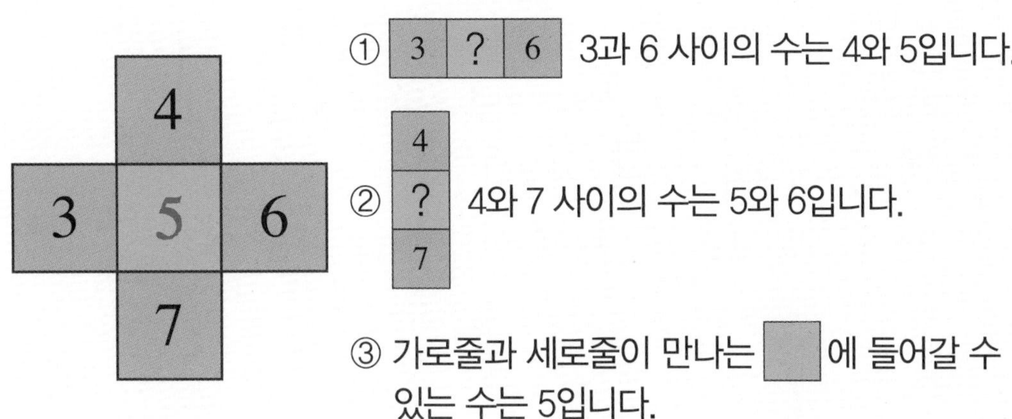

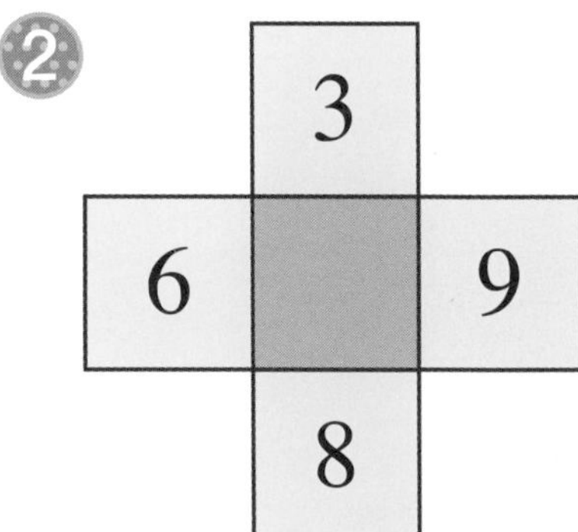

③

4
2 6
9

바로 세고 거꾸로 세고

나무꾼은 남생이를 데리고 한적한 숲으로 갔어.
그러고는 얼른 장터에서 얻은 것들을 펼쳐 보았지.
세어 보니 사과가 모두 열 개였어.
"하나, 둘, 셋, 넷, 다섯, 여섯, 일곱, 여덟, 아홉, 열."

나무꾼이 수를 셌더니 남생이가 또 따라서 수를 세네.

"일, 이, 삼, 사, 오, 육, 칠, 팔, 구, 십."

나무꾼이 이번에는 수를 거꾸로 세어 보았어.

"열, 아홉, 여덟, 일곱, 여섯, 다섯, 넷, 셋, 둘, 하나."

그랬더니 남생이가 또 따라서 수를 세네.

"십, 구, 팔, 칠, 육, 오, 사, 삼, 이, 일."

나무꾼은 신기한 남생이를 꼭 끌어안았어.

크나큰 보물을 얻은 듯했던 거야.

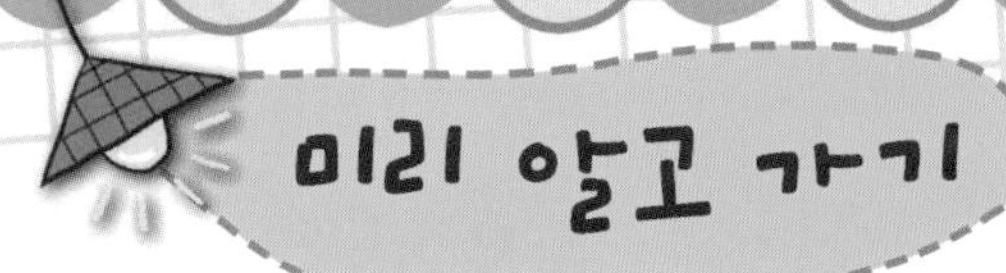

이런 것들을 배워요

- 10을 알고, 10 이하의 수를 여러 가지 방법으로 셀 수 있어요.
- 10을 여러 가지 방법으로 표현할 수 있어요.

함께 알아봐요

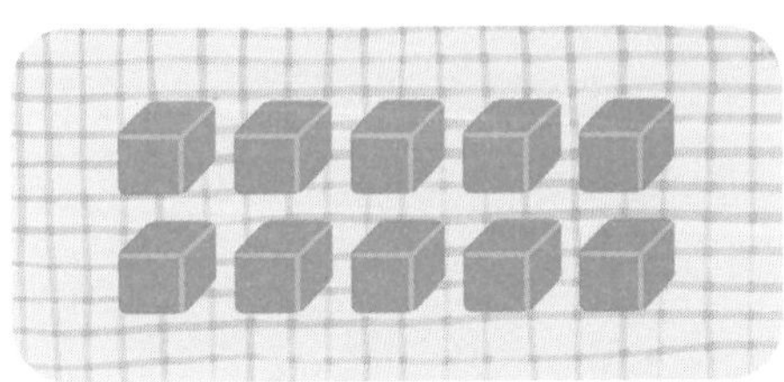

10은 9보다 1 큰 수입니다.
10은 십 또는 열이라고 읽습니다.

원리를 적용해요

남생이가 9마리 있습니다. 남생이 1마리가 놀러오면 모두 (　　)마리이고,
(　　) 또는 (　　)이라고 읽습니다.
남생이를 하나씩 세어 보면 일, (　　), (　　), 사, 오, (　　), (　　),
팔, (　　), (　　)입니다.

이야기 속 문제 해결

나무꾼이 장터에서 얻은 사과를 세고 있습니다. (　　)에 알맞은 말을 써 보세요.

1 사과를 '하나'부터 세어 보세요.

하나	둘			
여섯	일곱			

2 사과를 '십'부터 거꾸로 세어 보세요.

십		팔		
오	사			

3 사과의 수와 똑같이 ◯를 그리세요.

1 장난감이 10개가 되도록 붙임 딱지 를 붙여 보세요.

① 

② 

2 잘못 센 부분에 ╳표 하고 바르게 고쳐 보세요.

① 로봇을 '하나'부터 세고 있습니다.

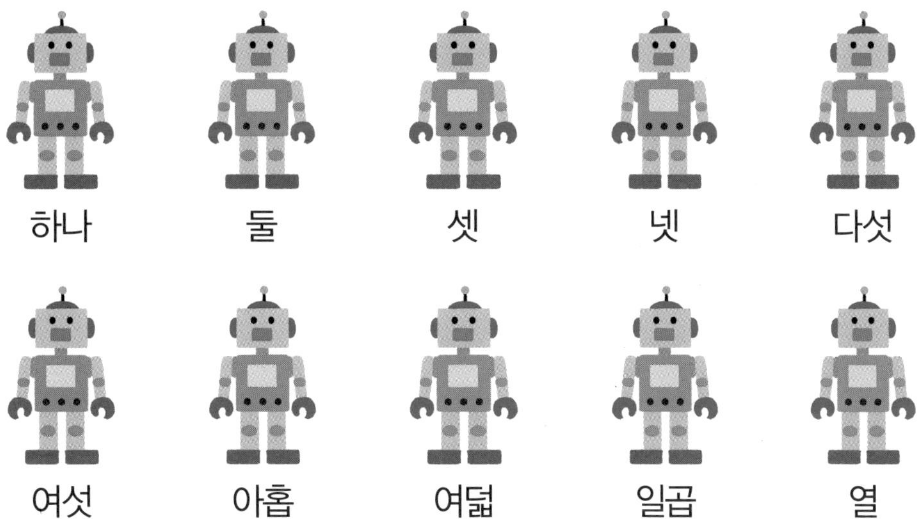

② 공을 '십'부터 거꾸로 세고 있습니다.

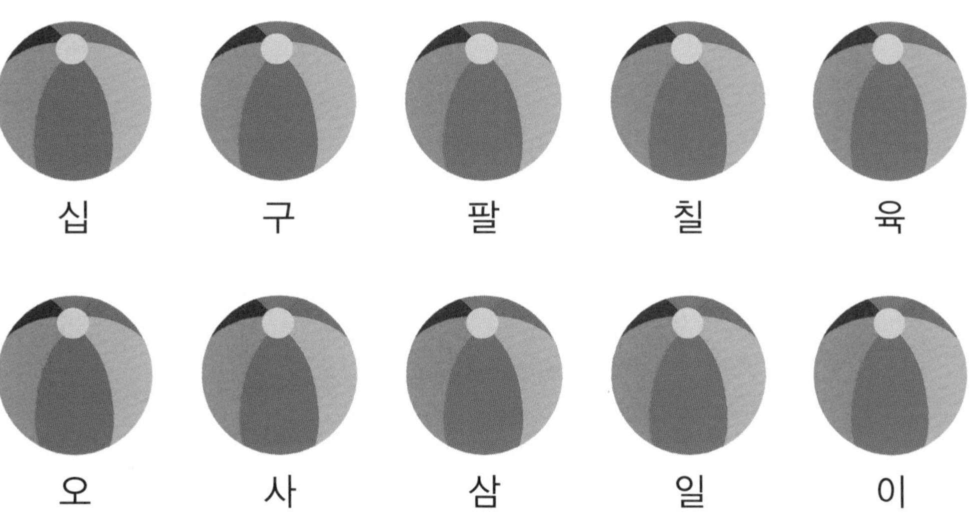

3 블록이 10개가 되도록 짝을 지어 줄로 이어 보세요.

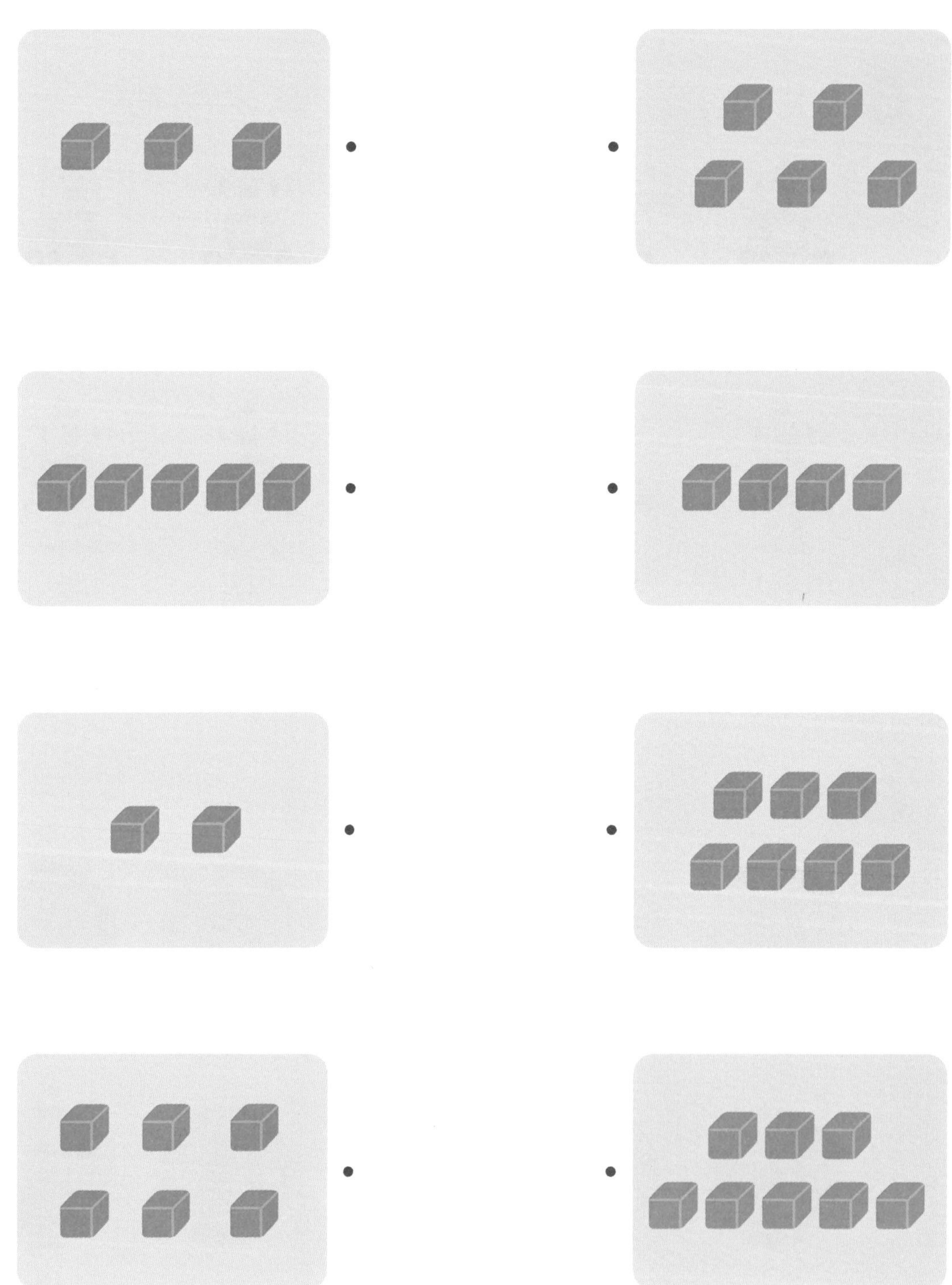

4 블록의 수가 10개가 되도록 블록을 그리고 색칠해 보세요.

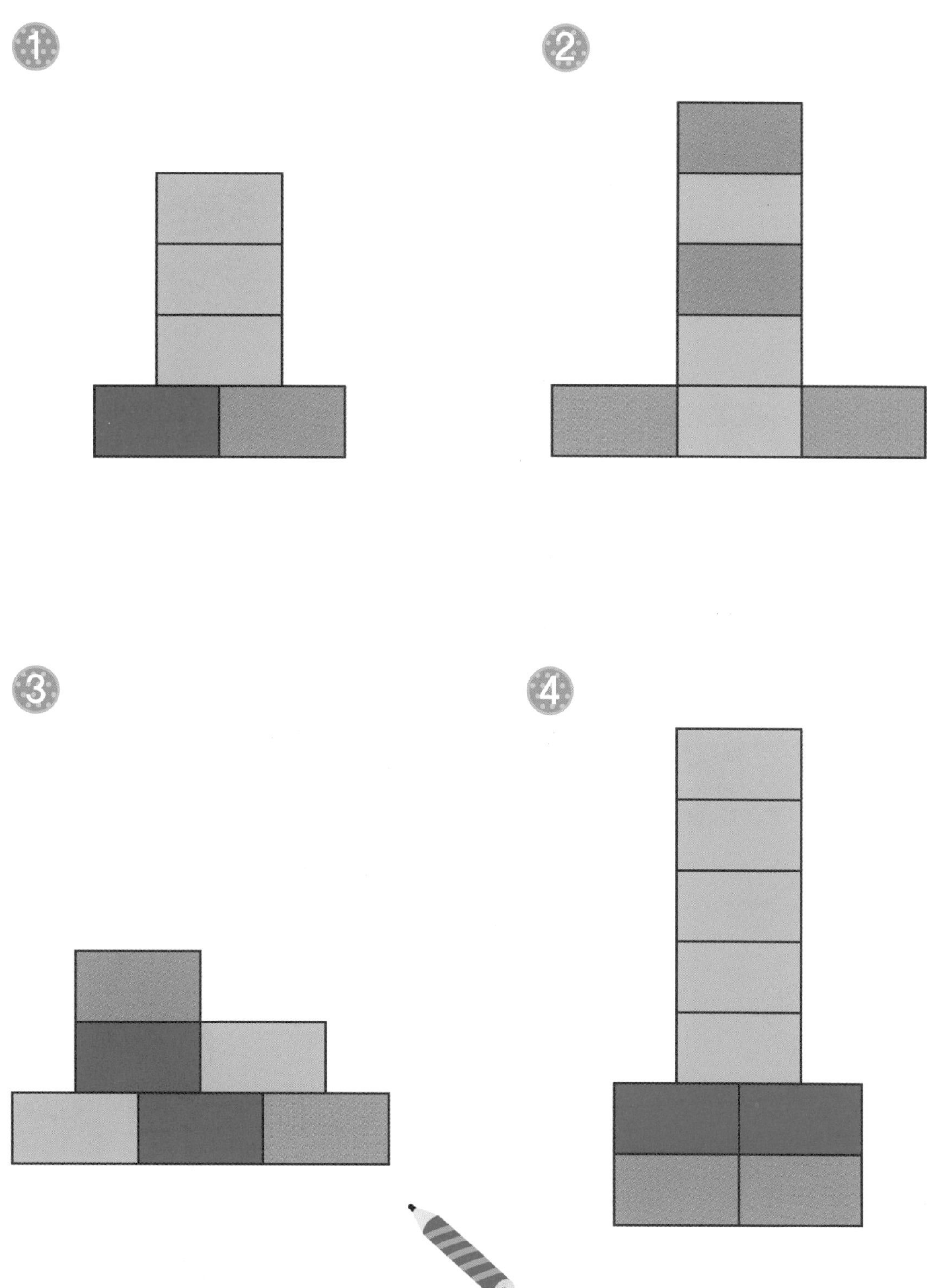

남생이가 욕심 나는 털북숭이 장사꾼

나무꾼은 남생이를 데리고 날마다 장터로 갔어.
어느새 말하는 남생이는 장터의 명물이 되었지.
전국에서 구경꾼이 몰려들 정도였어.
"남생아, 오늘도 우리 열심히 말하자구나."
나무꾼은 남생이의 머리를 쓰다듬으며 말했어.
그런데 웬 털북숭이 장사꾼이 나무꾼을 찾아왔지 뭐야.

털북숭이 장사꾼은 나무꾼에게 엽전 20개를 줄 테니, 남생이를 팔라고 말했어.

"싫습니다."

"그럼 엽전 30개를 주면 어떻겠는가?"

"싫어요."

"그렇다면 엽전 10개씩 3묶음하고 두 개를 더 주지."

털북숭이 장사꾼의 말에 나무꾼은 솔깃해졌어. 어쩐지 엄청나게 많은 돈을 주는 듯했던 거야.

미리 알고 가기

이런 것들을 배워요

- 11부터 19까지의 수, 20, 30, 40, 50을 쓰고 읽을 수 있어요.
- 십 몇을 10개씩 묶음 한 개와 낱개로 나타낼 수 있어요.
- 몇십 몇을 쓰고 읽을 수 있어요.

함께 알아봐요

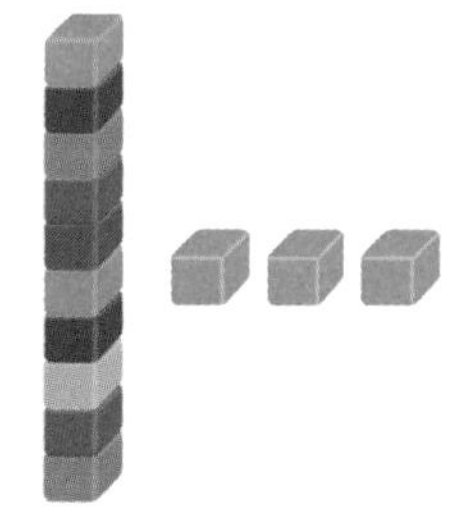

13은 10개씩 1묶음과 낱개 3개입니다.
13은 십삼 또는 열셋이라고 읽습니다.

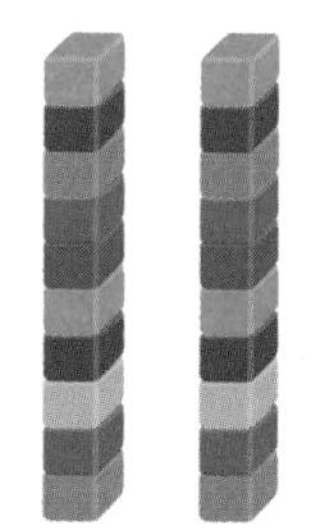

20은 10개씩 2묶음입니다.
20은 이십 또는 스물이라고 읽습니다.

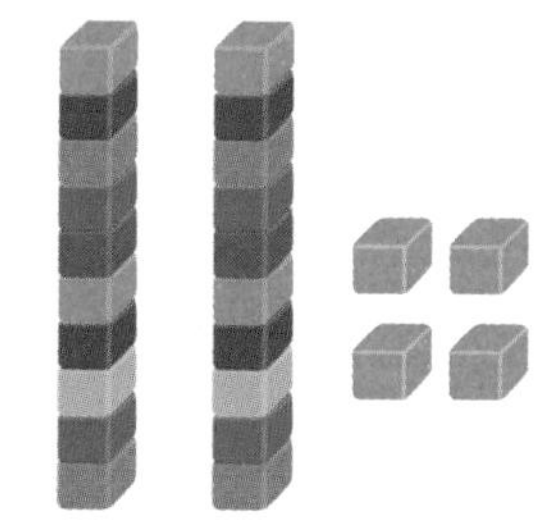

24는 10개씩 2묶음과 낱개 4개입니다.
24는 이십사 또는 스물넷이라고 읽습니다.

30은 삼십 또는 서른이라고 읽고,
40은 사십 또는 마흔이라고 읽고,
50은 오십 또는 쉰이라고 읽습니다.

원리를 적용해요

 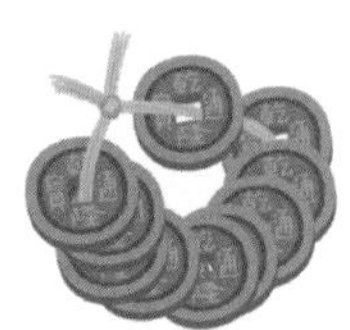   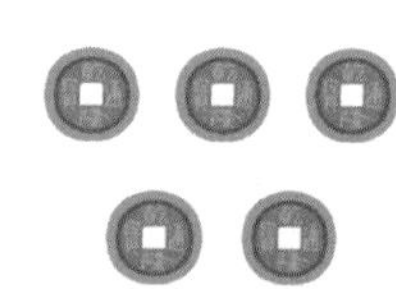

엽전은 10개씩 (   )묶음과 낱개 (   )개이므로 모두 (   )입니다. (   )또는 (   )이라고 읽습니다.

이야기 속 문제 해결

나무꾼이 털북숭이 장사꾼에게 엽전을 몇 개 받았는지 알아보세요.

1 처음에 털북숭이 장사꾼은 나무꾼에게 엽전 20개를 주려고 했습니다. 엽전 20개를 10개씩 묶어 보세요.

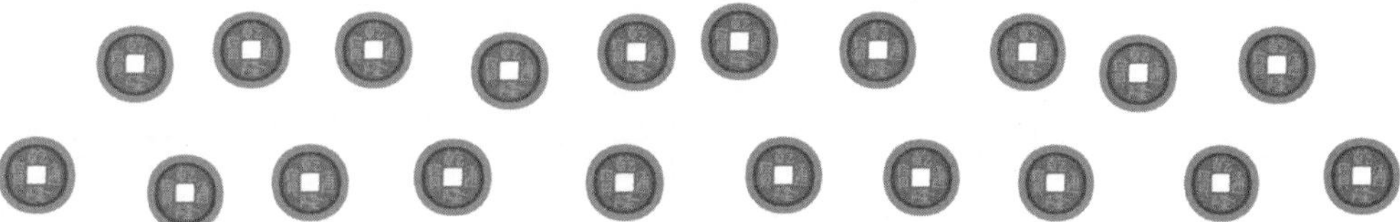

2 빈칸에 알맞은 말을 써 보세요.

나무꾼이 남생이를 팔지 않자, 털북숭이 장사꾼은 나무꾼에게 엽전 30개를 준다고 했습니다.
엽전 30개는 10개씩 (　　) 묶음이고, (　　　　) 또는 (　　　　)이라고 읽습니다.

3 나무꾼이 싫다고 하자, 장사꾼은 10개씩 3묶음에 2개를 더 주기로 했습니다. 엽전의 수만큼 색칠하고 알맞은 말을 써 보세요.

장사꾼이 주기로 한 엽전은 모두 (　　　　)개이고,
(　　　　) 또는 (　　　　)이라고 읽습니다.

실력 튼튼 문제

1 과일을 10개씩 묶어 센 다음 과일의 수를 써 보세요.

①

복숭아는 10개씩 (   ) 묶음과 낱개 (   )개이므로
모두 (   )개입니다.

②

사과는 10개씩 (   ) 묶음과 낱개 (   )개이므로
모두 (   )개입니다.

③

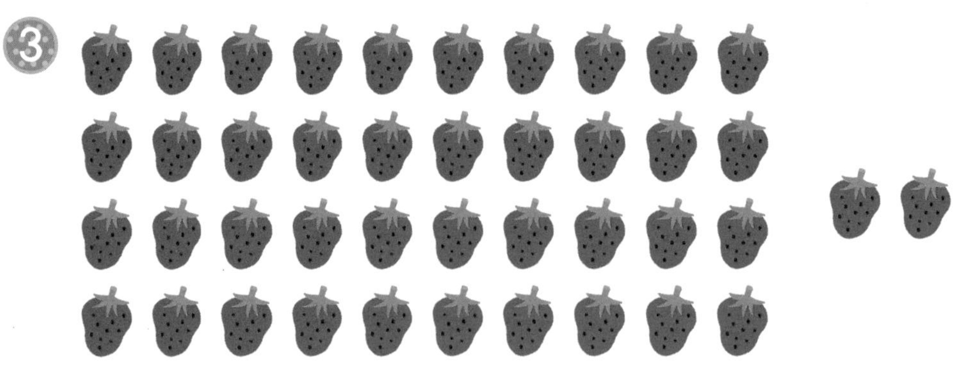

딸기는 10개씩 (   ) 묶음과 낱개 (   )개이므로
모두 (   )개입니다.

2 수를 순서대로 읽고 써 보세요.

1	2	3	4	5
6	7	8	9	
11	12		14	15
16			19	

① 표의 빈칸에 알맞은 수를 쓰세요.

② 12보다 1 작은 수를 찾아 ○표 하세요.

③ 15보다 1 큰 수를 찾아 △표 하세요.

④ 10개씩 1묶음과 낱개 9개인 수를 찾아 ∨표 하세요.

3 같은 수를 다르게 표현해 보세요.

14

10개씩 묶음이 (　　　)개,
낱개가 (　　　)개!

26

10개씩 묶음이 (　　　)개,
낱개가 (　　　)개!

50

10개씩 묶음이 (　　　)개,
낱개가 (　　　)개!

4 아빠가 말하는 수에 맞는 카드를 모두 찾아 ○표 해 보세요.

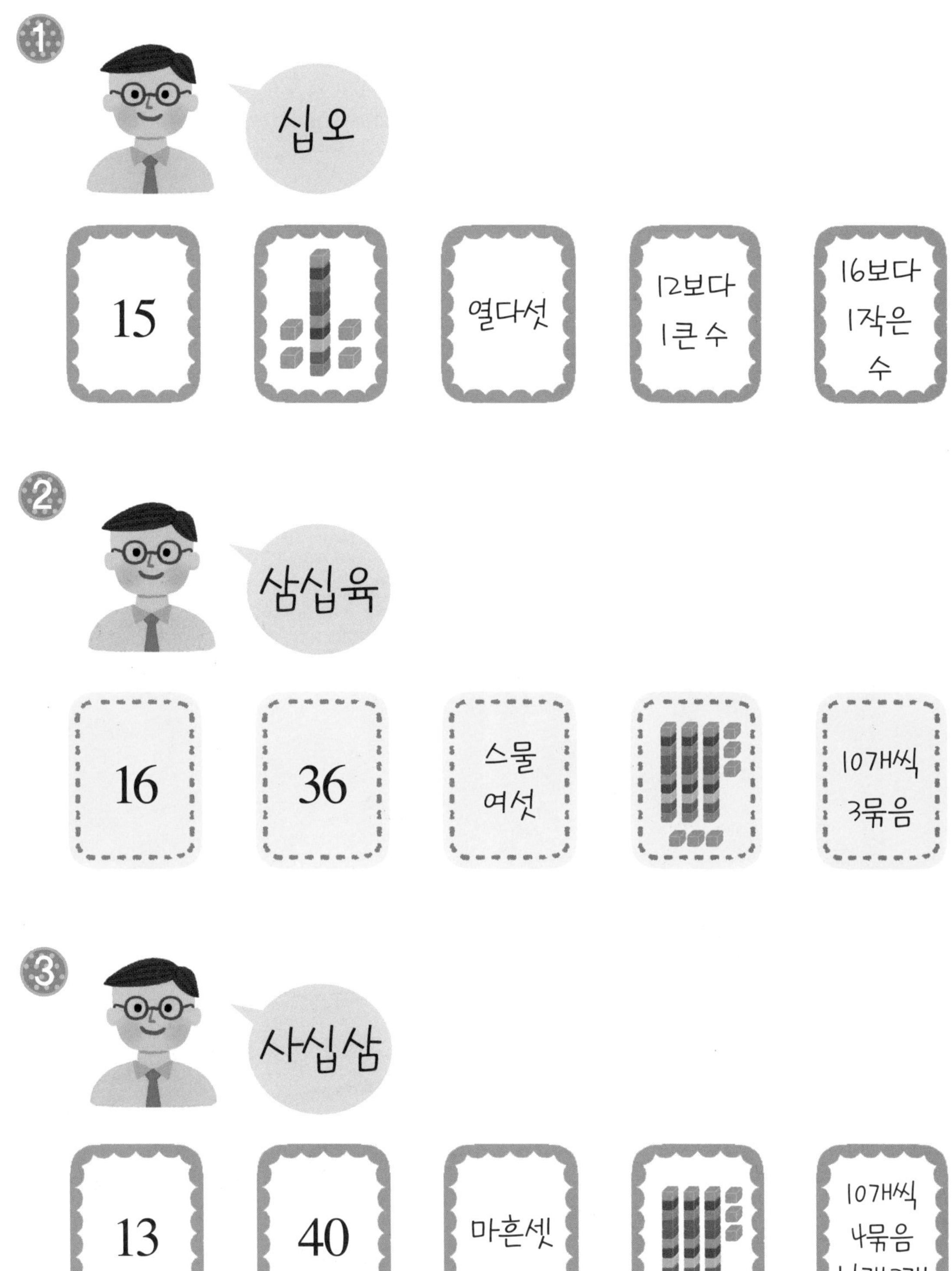

남생이의 눈물

나무꾼이 어떻게 할까 망설이고 있을 때였어.
털북숭이 장사꾼은 나무꾼에게 말했어.
"엽전 37개를 주겠소."
나무꾼은 엽전이 37개라는 소리에 깜짝 놀랐지 뭐야.
그랬더니 나무꾼을 찾아온 홀쭉이 장사꾼이 질세라 말했지.
"나는 엽전 43개를 주겠소."

옆에 있던 코주부 장사꾼도 말했어.
"난 47개를 주지."
나무꾼은 누가 더 큰 돈을 주는 건지 헷갈렸어.
남생이가 슬픈 눈으로 나무꾼을 쳐다봤지만,
나무꾼은 누구에게 남생이를 팔까
그 궁리를 하느라 미처 몰랐지 뭐야.

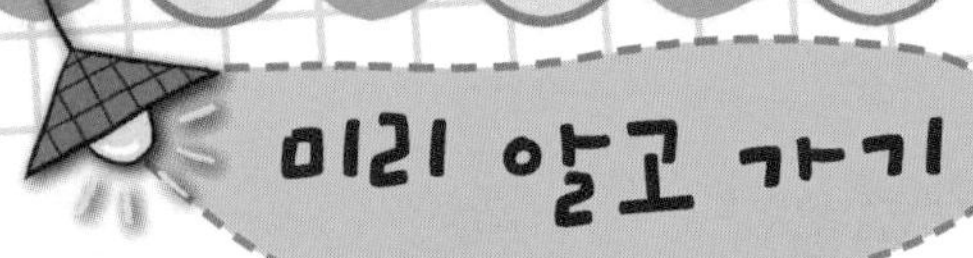

이런 것들을 배워요

- 50까지의 수를 순서대로 읽고 쓸 수 있어요.
- 두 수의 크기를 비교할 수 있어요.

함께 알아봐요

50까지의 수를 순서대로 적으면 다음과 같습니다.

1	2	3	4	5	6	7	8	9	10
11	12	13	14	15	16	17	18	19	20
21	22	23	24	25	26	27	28	29	30
31	32	33	34	35	36	37	38	39	40
41	42	43	44	45	46	47	48	49	50

32와 28의 크기를 비교하면 다음과 같습니다.

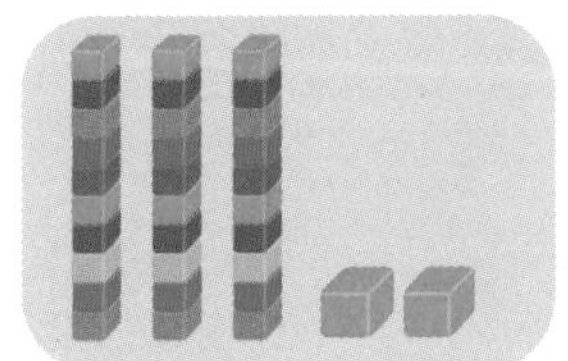

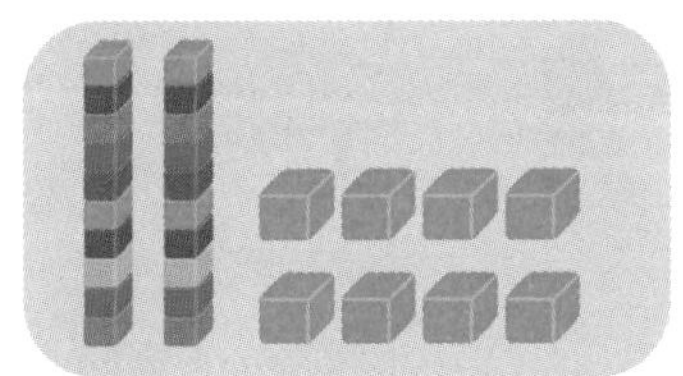

32는 10개씩 묶음의 수가 3이고, 28은 10개씩 묶음의 수가 2입니다.
32는 28보다 큽니다. 28은 32보다 작습니다.

원리를 적용해요

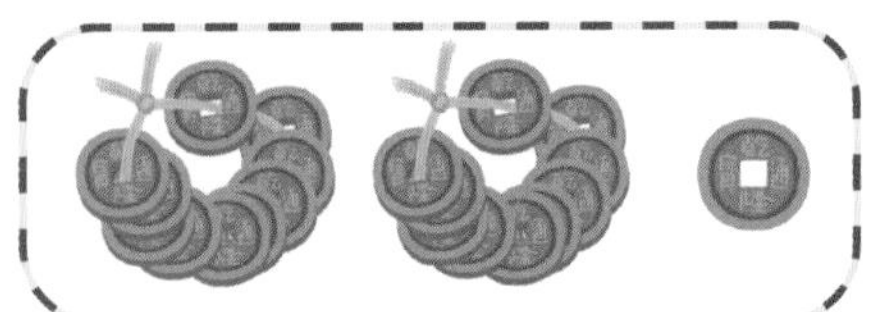

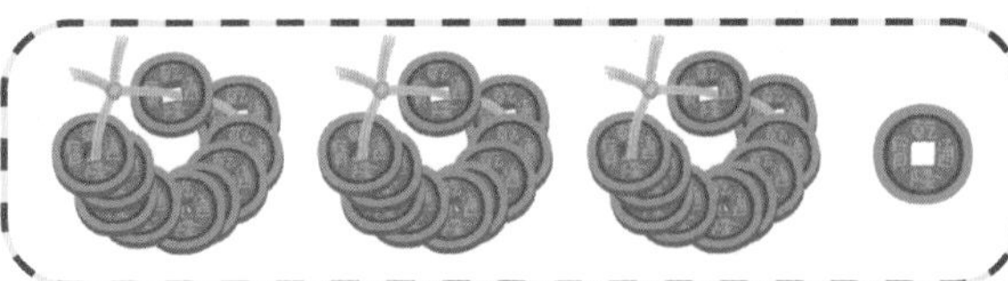

21은 10개씩 묶음이 (   )개이고, 31은 10개씩 묶음이 (   )개입니다. 21은 31보다 (   )니다.

이야기 속 문제 해결

누구에게 남생이를 팔아야 돈을 더 많이 받는지 알아보세요.

1 엽전 37개, 43개, 47개를 10개씩 묶어서 크기를 비교하세요.

10개씩 묶음의 수는 37개는 (　　)개, 43개는 (　　)개, 47개는 (　　)입니다. 37은 43보다 (　　)니다. 37은 47보다 (　　)니다.

2 엽전 43개와 엽전 47개는 10개씩 묶음의 수가 같아요. 낱개의 수를 구해서 크기를 비교하세요.

	10개씩 묶음의 수	낱개의 수
엽전 43개		
엽전 47개		

47은 43보다 (　　)니다.

3 어떤 장사꾼이 돈을 가장 많이 주는지 ○표 하세요.

(　　)　(　　)　(　　)

1 수 기차의 빈칸에 수를 순서대로 써 보세요.

①

②

③

2 빈칸에 알맞은 수를 써 사물함 번호를 알아보세요.

① 주어진 수를 작은 수부터 순서대로 사물함에 쓰세요.

② 서준이의 사물함은 24번과 26번 사물함 사이에 있습니다.
서준이의 사물함 번호는 (   )번입니다.

③ 아람이의 사물함 번호는 30번입니다. 아람이의 사물함은
(   )번과 31번 사물함 사이에 있습니다.

④ 22번 사물함과 26번 사물함 사이에 있는 사물함의 번호는
(   ), (   ), (   )번입니다.

3 수 카드 부록 을 이용해 38과 42의 크기를 비교해 보세요.

① 38만큼 10 과 1 수 카드 부록 을 붙여 보세요.

② 42만큼 10 과 1 수 카드 부록 을 붙여 보세요.

③ 38과 42의 크기를 비교해 글로 쓰세요.

38은 42보다 ______________________

42는 38보다 ______________________

4 친구들이 말하는 수를 모두 찾아 ○표 해 보세요.

①

16보다 작습니다.

2	7	9
21	26	32

②

36보다 큽니다.

15	24	39
41	46	47

③

45보다 큽니다.

42	44	45
47	49	50

털북숭이 장사꾼의 꾀

나무꾼은 털북숭이 장사꾼에게 남생이를 팔기로 했어.
그런데 털북숭이 장사꾼은 나무꾼에게 돈을 주기가 아까워졌지.
그래서 못된 꾀를 냈어.
"이보시오, 우리 홀짝 놀이 한판 합시다."
나무꾼은 홀짝 놀이가 뭔지 몰랐지.
"엽전 10개를 두 손 안에 넣고 흔들다가 멈추고서
한 손 안에 든 엽전의 수가 홀수인지 짝수인지 알아맞히는 거라오."
털북숭이 장사꾼은 나무꾼이 지면 돈을 주지 않고
나무꾼이 이기면 엽전 서른 냥을 더 주겠다고 했지.

"짝수는 뭐고, 홀수는 뭡니까?"

"짝수는 말 그대로 짝을 지을 수 있는 수이고,
홀수는 짝을 지을 수 없어서 혼자 남는 수가 있는 걸 말한다오."

나무꾼은 일단 내기를 해 보자고 했어.

"짝수가 나올 것 같소, 홀수가 나올 것 같소?"

"짝수!"

털북숭이 장사꾼이 엽전을 쥔 손을 펼쳐 보였지.

그런데 이게 웬일이야.

손에 엽전 4개가 있지 뭐야.

털북숭이 장사꾼은 돈을 주지 않으려고 꾀를 내었다가
덜컥 서른 냥을 더 주게 되었지.

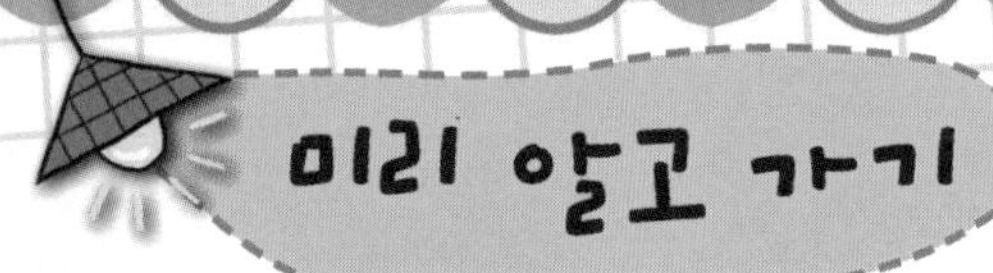

이런 것들을 배워요

- 짝수와 홀수를 알 수 있어요.
- 50까지의 수를 세고, 짝수와 홀수를 구분할 수 있어요.

함께 알아봐요

2, 4, 6, 8, 10, …과 같이 둘씩 짝을 지을 수 있는 수를 짝수라고 합니다.

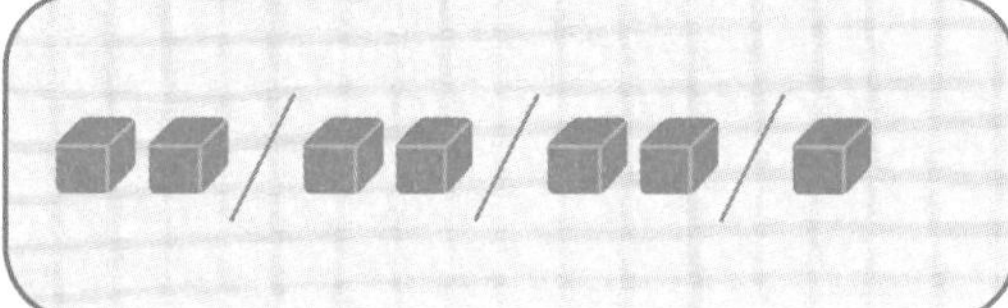

1, 3, 5, 7, 9, …와 같이 둘씩 짝을 지을 수 없는 수를 홀수라고 합니다.

원리를 적용해요

엽전 12개를 둘씩 짝을 지으면 짝을 지을 수 (있습니다, 없습니다).
그러므로 12는 (짝수, 홀수)입니다.

엽전 15개를 둘씩 짝을 지으면 짝을 지을 수 (있습니다, 없습니다).
그러므로 15는 (짝수, 홀수)입니다.

이야기 속 문제 해결

털북숭이 장사꾼이 가지고 있는 엽전을 보고 알맞은 말에 ○표 해 보세요.

1. 둘씩 짝지어 보고 짝수인지 홀수인지 ○표 하세요.

 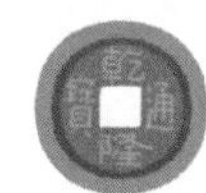  

엽전은 (짝수, 홀수)입니다.

2. 나무꾼이 이기려면 무엇이라고 말해야 하는지 ○표 하세요.

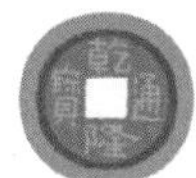 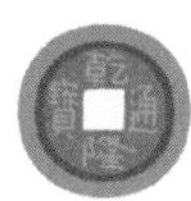  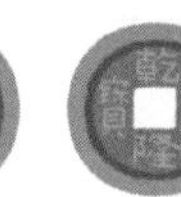 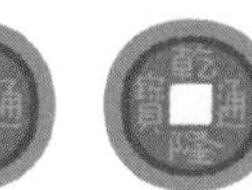  

나무꾼은 (짝, 홀)이라고 말하면 이깁니다.

3. 털북숭이 장사꾼이 이기려면 나무꾼이 뭐라고 말해야 하는지 ○표 하세요.

   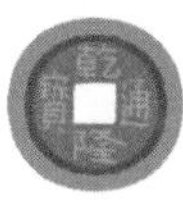 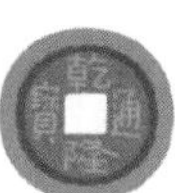 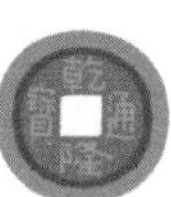   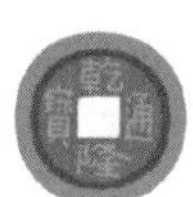

나무꾼이 (짝, 홀)이라고 말하면 털북숭이 장사꾼이 이깁니다.

실력 튼튼 문제

1 화단에 핀 장미꽃과 튤립을 보고 물음에 답해 보세요.

① 장미꽃( )은 모두 몇 송이인가요?

□ 송이

② 튤립( )은 모두 몇 송이인가요?

□ 송이

③ 장미꽃을 둘씩 짝을 지어 보고 짝수인지 홀수인지 쓰세요.

(　　　　　　)

④ 튤립을 둘씩 짝을 지어 보고 짝수인지 홀수인지 쓰세요.

(　　　　　　)

2 그림 카드 10장을 보고 물음에 답해 보세요.

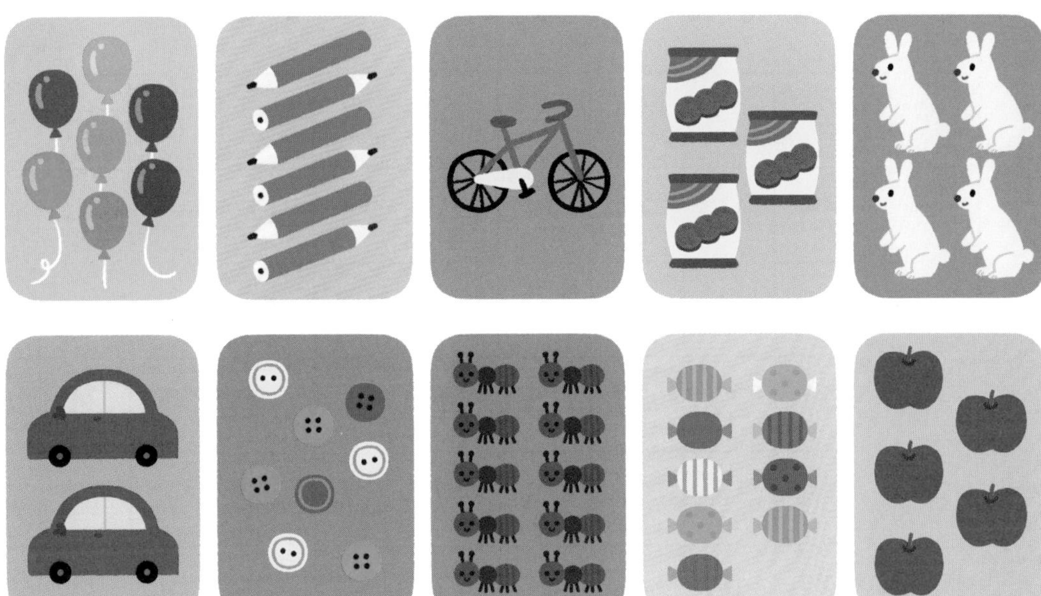

① 그림의 수가 짝수인 카드를 모두 찾아 ○표 하세요.

② 그림의 수가 홀수인 카드를 모두 찾아 △표 하세요.

③ 카드의 그림이 짝수인 것을 모두 골라 수로 쓰세요.

( )

④ 카드의 그림이 홀수인 것을 모두 골라 수를 쓰세요.

( )

3 짝수에 색을 칠하고 그림에 제목을 지어 보세요.

33	6	36	20	7	9	13	32	42	38	19
8	45	13	39	28	21	24	37	23	39	46
14	49	15	17	23	12	13	39	25	41	50
48	47	27	49	15	11	21	33	35	31	44
39	28	13	7	23	27	37	39	3	12	13
9	27	16	5	35	43	41	11	18	31	27
23	17	19	10	11	19	17	20	45	15	17
25	15	5	23	22	21	30	27	49	7	25
35	27	49	25	11	34	13	17	47	13	39

제목 :

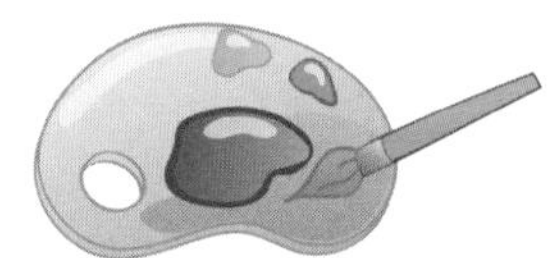

4 4장의 숫자 카드로 여러 가지 두 자리 수를 만들어 보세요.

1 2 3 4

① 두 자리 수인 짝수를 모두 만들어 보세요.

1 □ 1 □ 2 □

3 □ 3 □ 4 □

② 두 자리 수인 홀수를 모두 만들어 보세요.

창의력 쑥쑥 문제

1 토끼와 다람쥐가 일주일 동안 먹을 먹이를 보고 빈칸에 수를 쓰거나, 알맞은 말에 ◯표 해 보세요.

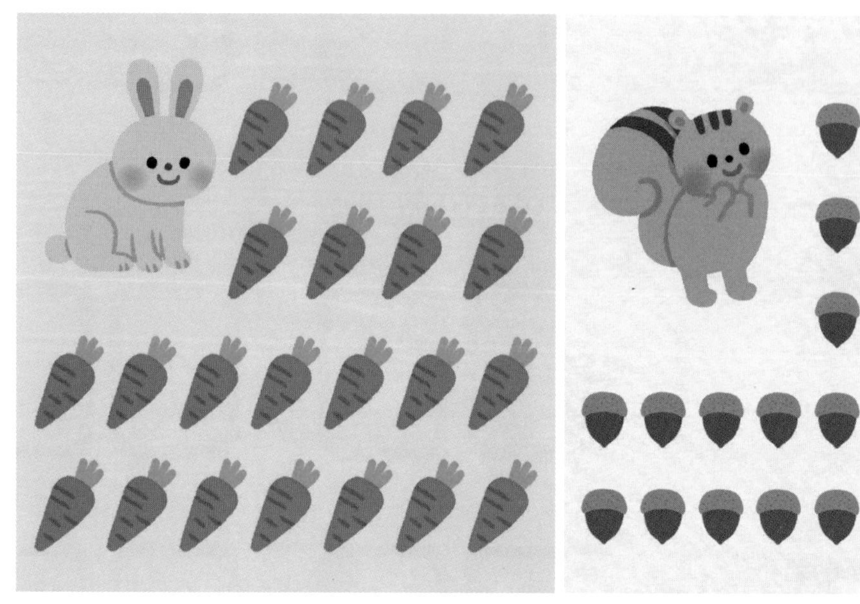

① 당근은 10개씩 (　　　)묶음과 낱개 (　　　)개이므로 모두 (　　　)개입니다.

② 도토리는 10개씩 (　　　)묶음과 낱개 (　　　)개이므로 모두 (　　　)개입니다.

③ 당근의 수는 도토리의 수보다 (많습니다, 적습니다).

④ 당근은 둘씩 짝지으면 짝을 지을 수 (있습니다, 없습니다).

⑤ 도토리는 둘씩 짝지으면 짝을 지을 수 (있습니다, 없습니다).

2 꼬마 동물 마을의 이야기를 읽고 빈칸에 수를 쓰거나, 알맞은 말에 ○표 해 보세요.

앵무새는 모두 (　　　)마리이고, 다람쥐는 모두 (　　　)마리입니다.

앵무새의 수는 (짝수, 홀수)입니다.

다람쥐의 수는 (짝수, 홀수)입니다.

사막여우는 모두 (　　　)마리이고, 수달은 모두 (　　　)마리입니다.

사막여우의 수는 수달의 수보다 (많, 적)습니다.

3 책상 위에 있는 그림을 보고 알맞은 수 카드를 모두 찾아 ○표 해 보세요.

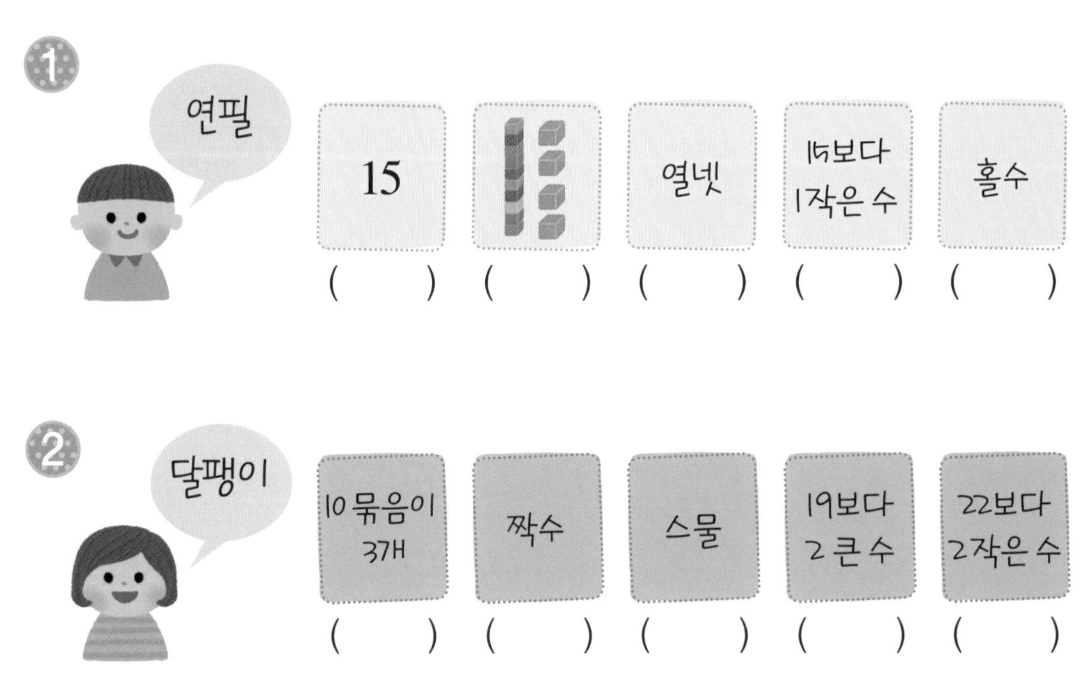

4 빈칸에 알맞은 수나 말을 써 보세요.

1

해바라기는 꽃잎이 (　　　)장, 초록색 잎이 (　　　)장 있어요.

해바라기 주위로 꿀벌 (　　　)마리가 윙윙 날아다녀요.

도로에는 예쁜 자동차가 (　　　)대 있어요.

길 양쪽으로 돌이 (　　　)개 있어요.

2 벌을 거꾸로 세어 보세요.

열 (　　　)(　　　) 일곱 여섯 (　　　)(　　　)(　　　) 둘 (　　　)

5 큰 수부터 차례로 번호가 붙은 사물함을 보고 물음에 답해 보세요.

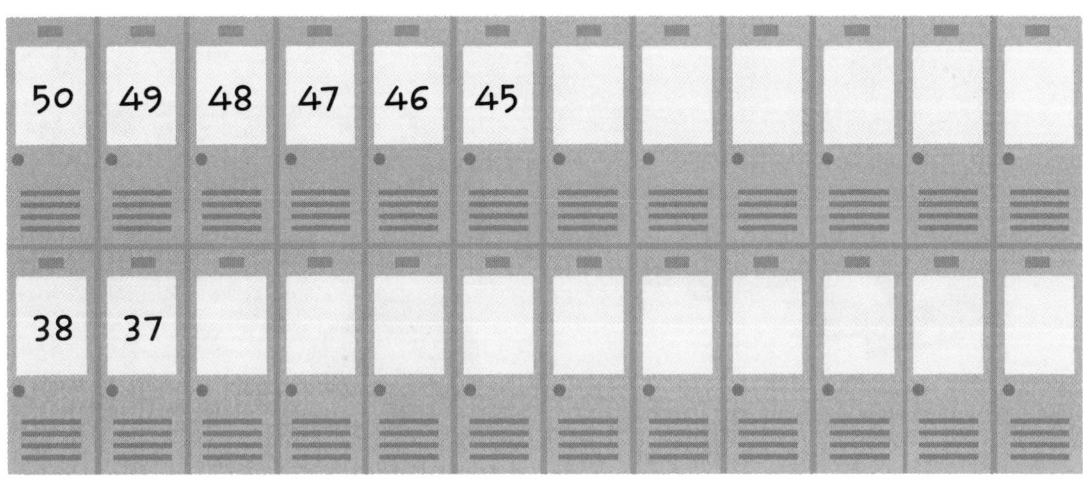

① 사물함의 빈칸에 들어갈 번호를 모두 쓰세요.

② 사물함의 번호 중 짝수를 모두 찾아 ○표 하세요.

③ 민영이의 사물함 번호는 서른셋입니다. 민영이 사물함은 (　　)번과 (　　)번 사물함 사이에 있습니다.

6 달력을 보고 물음에 답해 보세요.

일	월	화	수	목	금	토
				1		
4	5	6	7	8		
11	12	13	14			
18	19	20	21	22		
25	26	27	28	29	30	31

① 찢어진 부분에 날짜를 써 넣어 달력을 완성하세요.

② 23일에는 소풍을 갑니다. 소풍 가는 날은 무슨 요일인가요?

□ 요일

③ 달력에서 20보다 큰 홀수를 모두 찾아 쓰세요.

7 친구가 말하는 수 카드를 모두 찾아 줄로 이어 보세요.

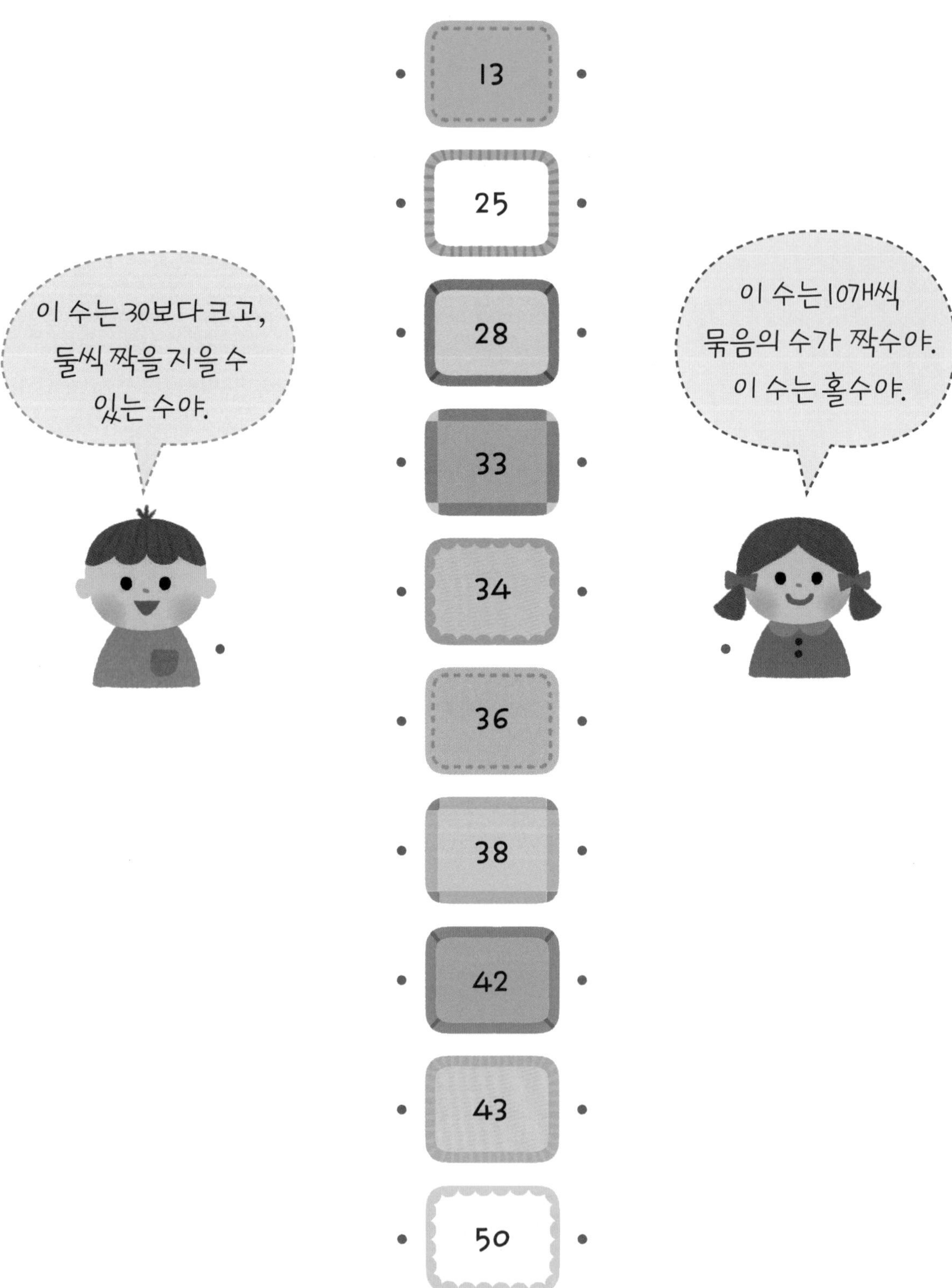

8 4장의 숫자 카드로 여러 가지 두 자리 수를 만들어 보세요.

① 만들 수 있는 두 자리 수 중에서 15보다 큰 수를 모두 쓰세요.

② 만들 수 있는 두 자리 수 중에서 25보다 작은 짝수를 모두 쓰세요.

③ 만들 수 있는 두 자리 수 중에서 가장 큰 수를 쓰고, 짝수인지 홀수인지 쓰세요.

나는 이제 부자야!

나무꾼은 홀짝 내기에서 이긴 덕분에
엽전 서른 냥을 더 받았어.
남생이의 몸값으로 엽전을 열 개씩 6묶음 하고도 7개나 더 받은 거야.
"이 돈이면 배불리 먹고 따뜻하게 지낼 수 있겠구나!"
나무꾼은 입을 헤벌쭉 벌리고서 웃었지.
그때 남생이의 눈빛이 얼마나 슬퍼 보였는지 몰라.
하지만 나무꾼은 남생이는 아랑곳하지 않고
엽전을 만지며 좋아했지.

이런 것들을 배워요

- 60까지의 수를 쓰고 읽을 수 있어요.
- 60까지의 수를 묶어 셀 수 있어요.

함께 알아봐요

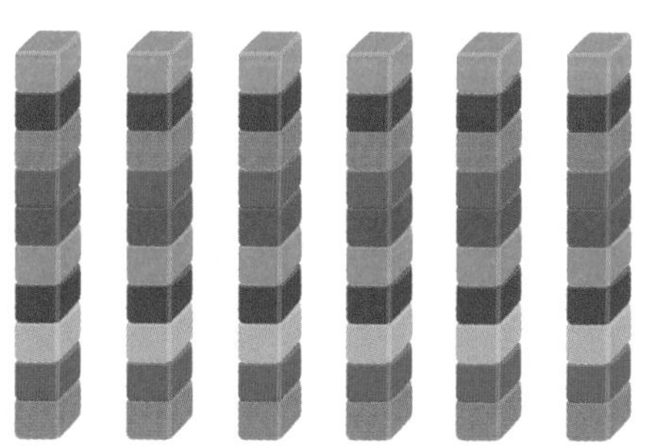

60은 59보다 1 큰 수입니다.
60은 50보다 10 큰 수입니다.
60은 10개씩 6묶음입니다.
60은 육십 또는 예순이라고 읽습니다.

원리를 적용해요

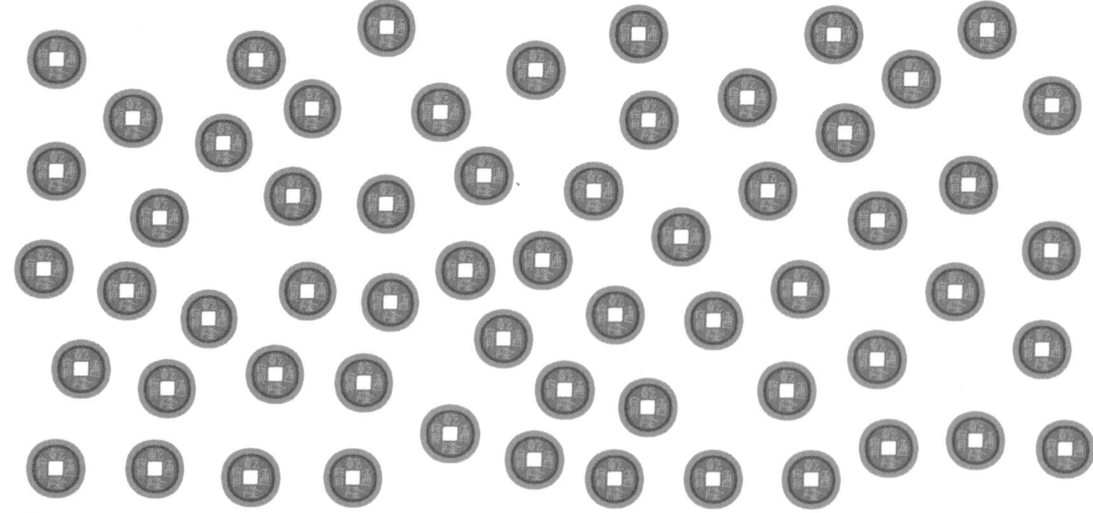

엽전은 10개씩 (　　　) 묶음이므로 모두 (　　　)냥입니다.

이야기 속 문제 해결

나무꾼은 털북숭이 장사꾼에게 얼마의 엽전을 받았는지 알아보세요.

1 나무꾼은 엽전 37개를 받고 남생이를 팔기로 했습니다.
엽전 37개를 10개씩 묶어 보세요.

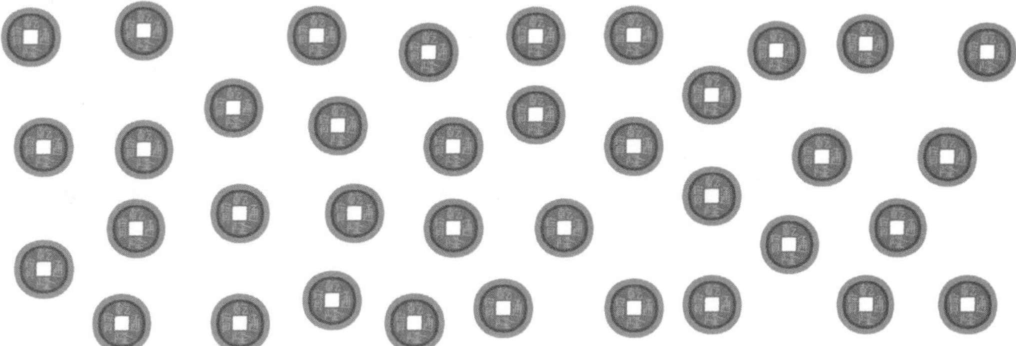

2 나무꾼은 홀짝 내기에서 이겨 엽전 서른 냥을 더 받았습니다.
엽전 서른 냥을 10개씩 묶어 보세요.

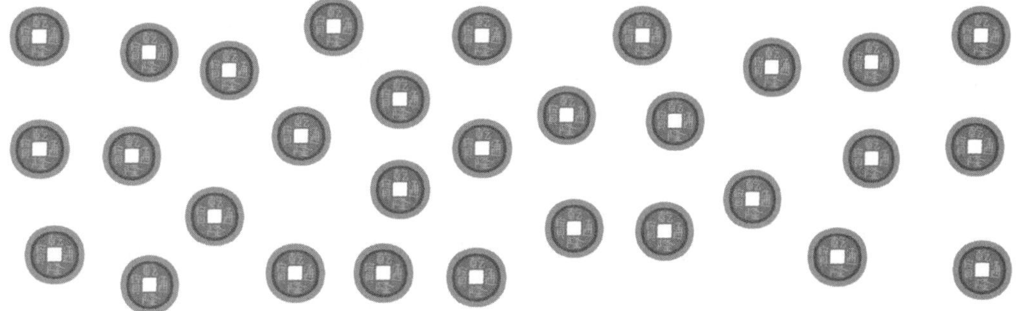

3 나무꾼이 모두 얼마의 엽전을 받았는지 빈칸에 알맞은 수를 쓰세요.

엽전이 10개씩 (   ) 묶음에 낱개 (   )개이므로
나무꾼은 털북숭이 장사꾼에게 모두 (   )냥의 돈을
받았습니다.

실력 튼튼 문제

1 당근의 개수를 여러 가지 방법으로 세어 보세요.

① 당근을 2개씩 묶어 세어 보고 모두 몇 개인지 답하세요.

2개씩 (　　　)묶음 ➔ (　　　)개

② 당근을 5개씩 묶어 세어 보고 모두 몇 개인지 답하세요.

5개씩 (　　　)묶음 ➔ (　　　)개

③ 당근을 10개씩 묶어 세어 보고 모두 몇 개인지 답하세요.

10개씩 (　　　)묶음 ➔ (　　　)개

2 10개씩 묶어 세고 2가지 방법으로 읽어 보세요.

①

②

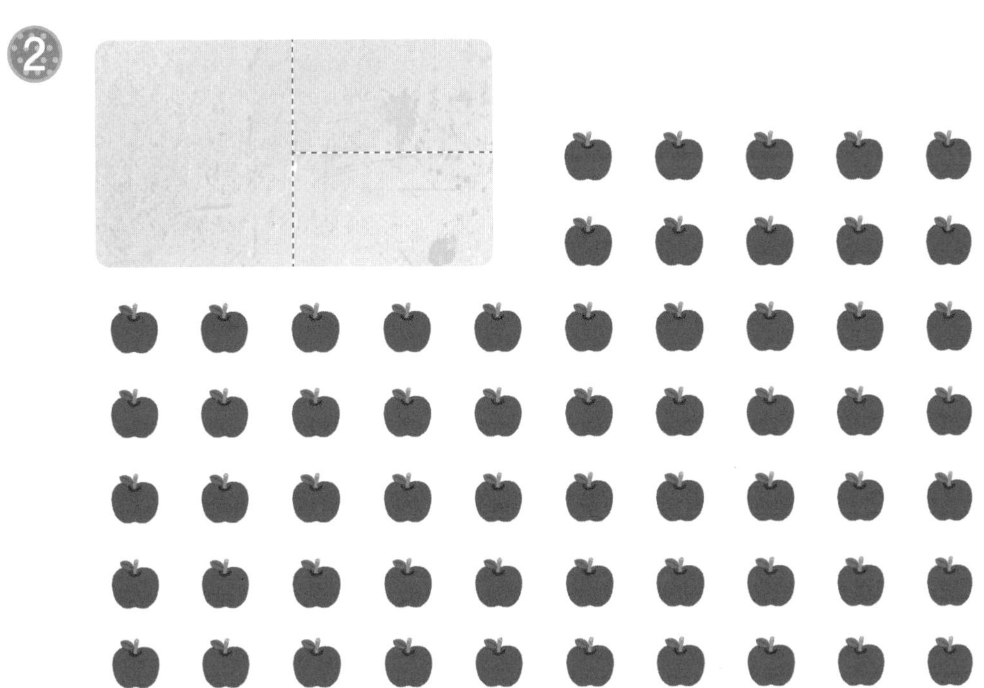

3 달걀을 열 개씩 엮었어요. 달걀이 몇 개인지 빈칸에 알맞은 수를 써 보세요.

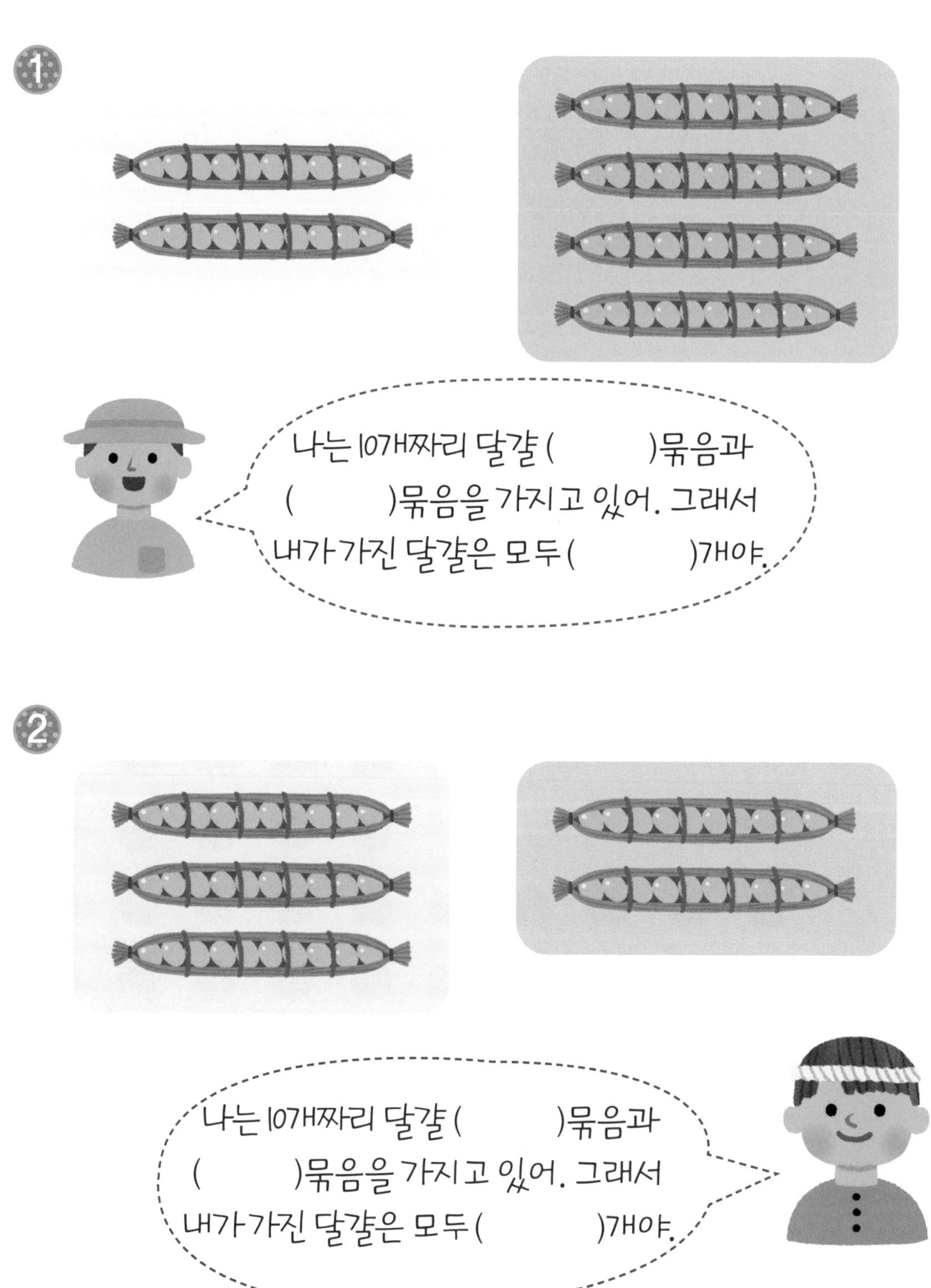

4 같은 수를 나타내는 카드끼리 줄로 이어 보세요.

10개씩 6묶음		50
마흔	60	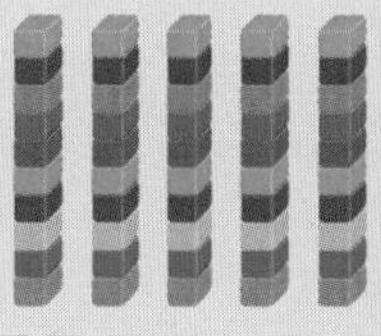
10개씩 4묶음	오십	예순
쉰	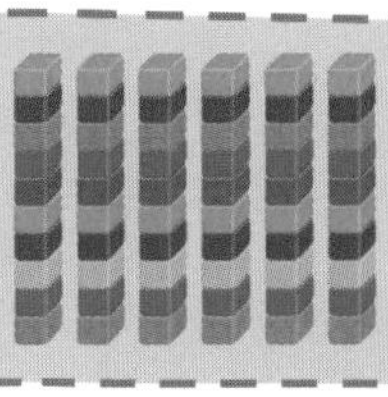	40

입을 꾹 다문 남생이

털북숭이 장사꾼은 사람들 앞에서
남생이에게 말을 시켜 보았지.
그런데 어찌 된 영문인지 남생이는
말을 한 마디도 하지 않는 거야.
"이놈아, 말을 하라고, 말!"
화가 난 장사꾼은 남생이를 냅다 집어 던졌어.
그래도 남생이는 입을 꾹 다문 채 한마디도 하지 않았어.

털북숭이 장사꾼은 하는 수 없이
남생이를 나무꾼에게 데려갔어.
"말은 한마디 하지 않으니 돈을 돌려주시오."
나무꾼은 그동안 쓰고 남은 돈을 몽땅 꺼내 놨지.
"엽전이 열 개씩 6묶음 하고 2개가 남았네요."
"그거라도 이리 주시오!"
털북숭이 장사꾼은 나무꾼이 가진 돈을 낚아챘어.

이런 것들을 배워요

- 99까지의 수를 쓰고 읽을 수 있어요.
- 99까지의 수를 묶어 셀 수 있어요.

함께 알아봐요

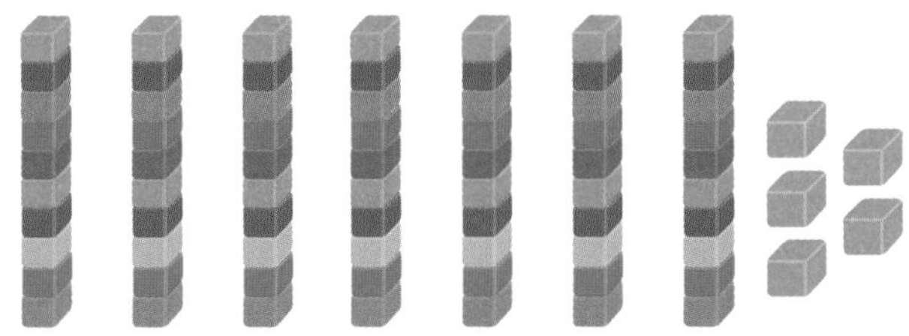

75는 10개씩 7묶음과 낱개 5개입니다.

75는 칠십오 또는 일흔다섯이라고 읽습니다.

60	70	80	90
육십	칠십	팔십	구십
예순	일흔	여든	아흔

원리를 적용해요

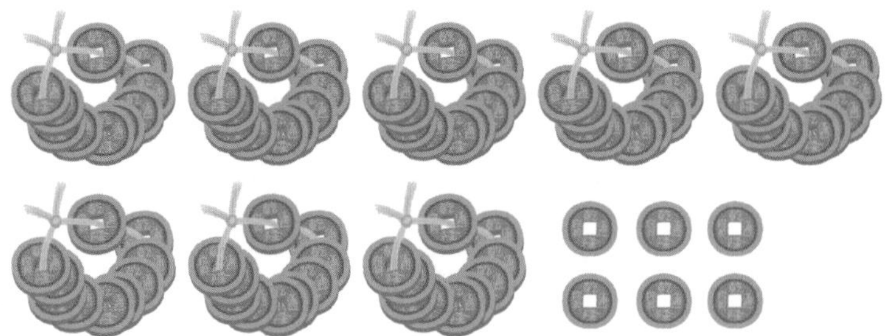

엽전은 10개씩 (　　　) 묶음과 낱개 (　　　)개이므로
모두 (　　　)냥입니다.

이야기 속 문제 해결

털북숭이 장사꾼은 나무꾼에게 얼마의 돈을 주고 얼마의 돈을 돌려받았는지 알아보세요.

1. 나무꾼이 털북숭이 장사꾼에게 받은 엽전을 10개씩 묶어 보고 모두 얼마인지 쓰세요.

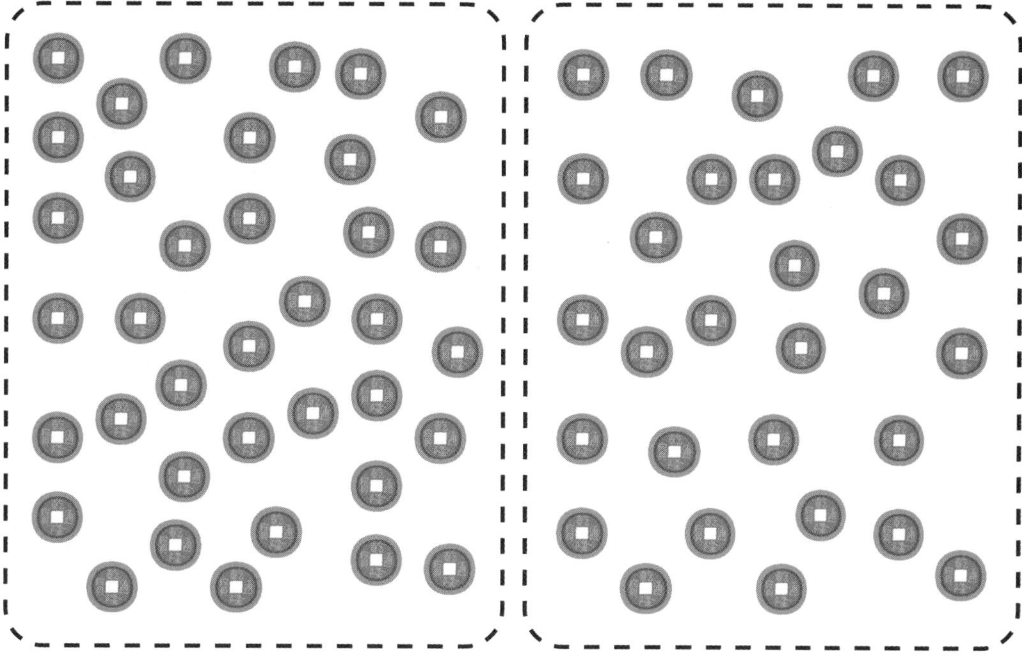

엽전은 10개씩 (　　　)묶음과 낱개 (　　　)개이므로 모두 (　　　　)냥입니다.

2. 털북숭이 장사꾼은 나무꾼에게 엽전 열 개씩 6묶음 하고 2개를 다시 받았어요. 돌려받은 엽전은 얼마인지 쓰세요.

돌려받은 엽전은 10개씩 6묶음과 낱개 2개이므로 모두 (　　　　)냥입니다.

실력 튼튼 문제

1 물건의 개수를 10개씩 묶어 세어 보세요. 모두 몇 개인지 **부록** 에서 수 모형을 찾아 오려 붙이고 빈칸을 채워 보세요.

①

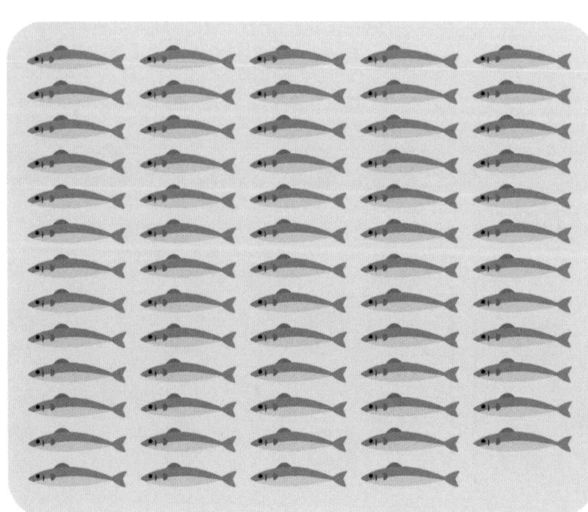

10개씩 묶음	낱개
(10개씩 묶음 수 모형 6개)	(낱개 수 모형 4개)
6	
육십사	

②

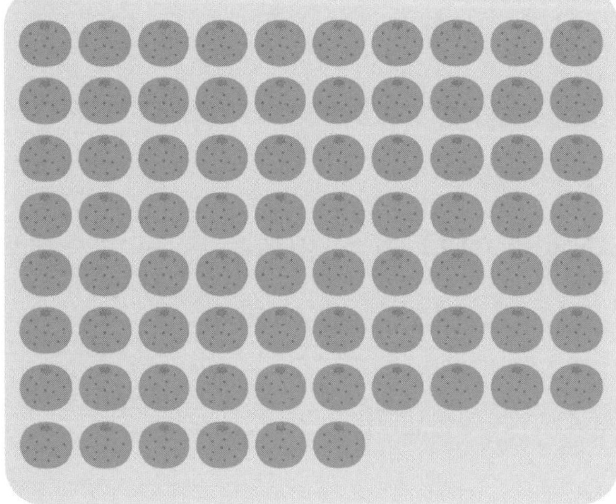

10개씩 묶음	낱개

2 곶감을 10개씩 꿰었어요. 곶감은 모두 몇 개인지 **부록** 에서 수 모형을 찾아 오려 붙이고 빈칸을 채워 보세요.

①

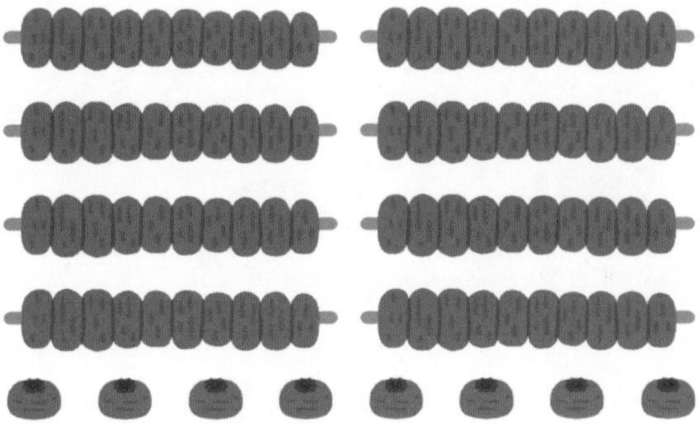

10개씩 묶음	낱개

②

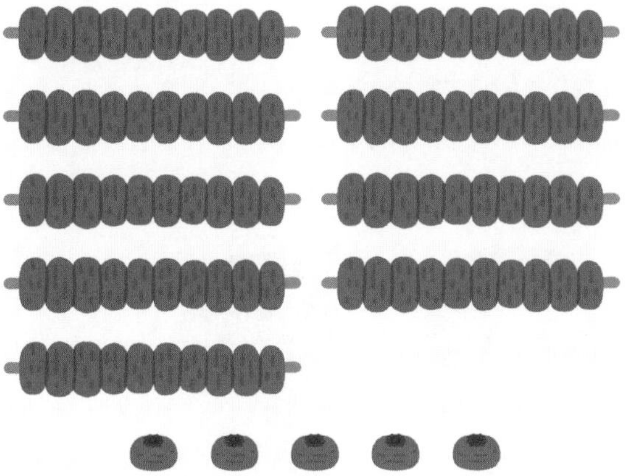

10개씩 묶음	낱개

3 세 사람의 대화를 읽고 다른 수를 말한 사람을 찾아 ○표 해 보세요.

1

( ) ( ) ( )

2

( ) ( ) ( )

4 쪽지를 보고 친구들이 사와야 하는 물건은 몇 개인지 빈칸에 알맞은 수를 써 보세요.

종이	예순아홉 장
붓	10자루씩 9묶음과 6자루

종이	( ) 장
붓	( ) 자루

2

호두	10개씩 7봉지와 5개
김	여든네 장

호두	( ) 개
김	( ) 장

행복한 나무꾼과 남생이

"왜 말을 하지 않았니?"

나무꾼이 묻자, 남생이가 눈을 깜빡이며 눈물을 뚝뚝 흘렸어.

그 눈물이 얼마나 서러워 보였는지

가슴이 찡할 정도였어.

그제야 나무꾼은 자기 잘못을 뉘우쳤지.

"미안하다, 내가 잠깐 돈에 눈이 멀었구나."

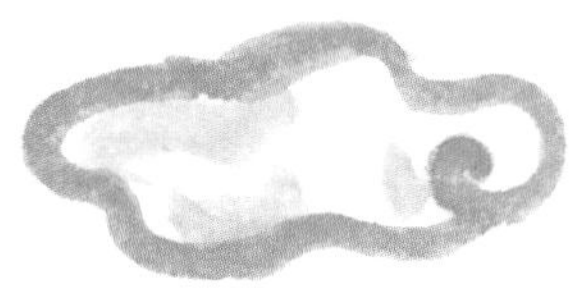

나무꾼이 남생이의 머리를 쓰다듬어 주자,

남생이가 다시 말을 하기 시작했어.

"이보시게, 그 남생이를 내게 파시게.
내가 엽전 57냥을 주지."
"나는 그보다 더 많은 73냥을 주겠네."
사람들은 나무꾼에게 서로 더 많은 돈을 주겠다고 했어.
하지만 나무꾼은 이번에는 절대 남생이를 팔지 않았지.
대신 더 아껴 주고, 소중하게 여겼어.
덕분에 나무꾼과 남생이는 오래오래 행복하게 잘 살았다지.

미리 알고 가기

이런 것들을 배워요

- 100을 이해하고, 수를 쓰고 읽을 수 있어요.
- 100까지의 수의 순서를 알 수 있어요.
- 100까지의 수의 크기를 비교할 수 있어요.

함께 알아봐요

99보다 1 큰 수를 100이라고 합니다.

100은 백이라고 읽습니다.

85는 78보다 큽니다. ➡ 85 > 78

78은 85보다 작습니다. ➡ 78 < 85

원리를 적용해요

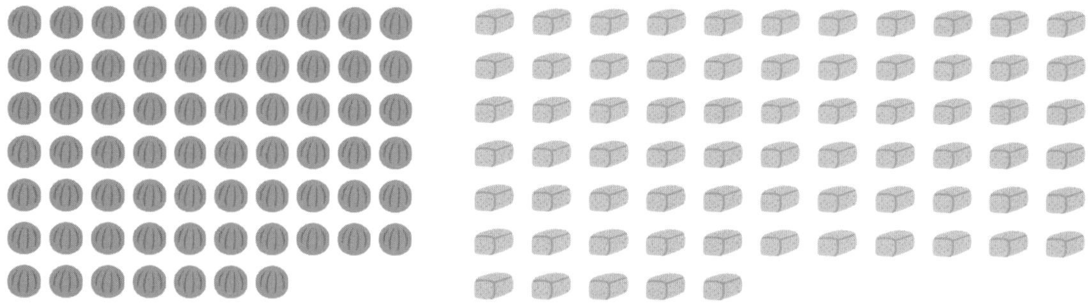

꿀떡은 (　　　　)개 있고 인절미는 (　　　　)개 있으므로

(　　　　)이/가 더 많습니다.

이야기 속 문제 해결

남생이를 사기 위해서 서로 많은 돈을 준다고 하고 있어요. 누가 더 많은 돈을 준다고 말했는지 알아보세요.

1 알맞은 말에 ○표 하고, ◯ 안에 > 또는 <를 쓰세요.

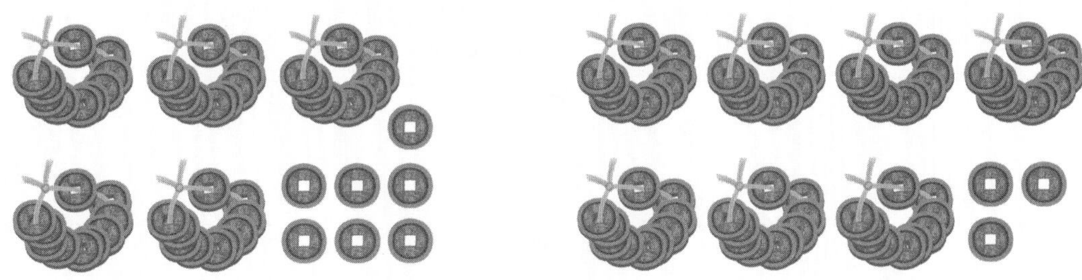

57은 73보다 (큽니다, 작습니다). ➡ 57 ◯ 73

73은 57보다 (큽니다, 작습니다). ➡ 73 ◯ 57

2 더 많은 엽전을 준다고 한 장사꾼에게 ○표 하세요.

실력 튼튼 문제

1 수의 순서를 알아보세요.

① 수의 순서에 맞게 빈칸에 알맞은 수를 쓰세요.

② 빈칸에 알맞은 수를 쓰세요.

99보다 1 큰 수는 (　　　)입니다.

70보다 1 작은 수는 (　　　)입니다.

81과 83 사이에 있는 수는 (　　　)입니다.

2 장터에서 잔치가 벌어졌어요. 사람들은 떡도 만들고 전도 부쳤어요. 떡과 전의 개수를 알아보고 수를 비교해 보세요.

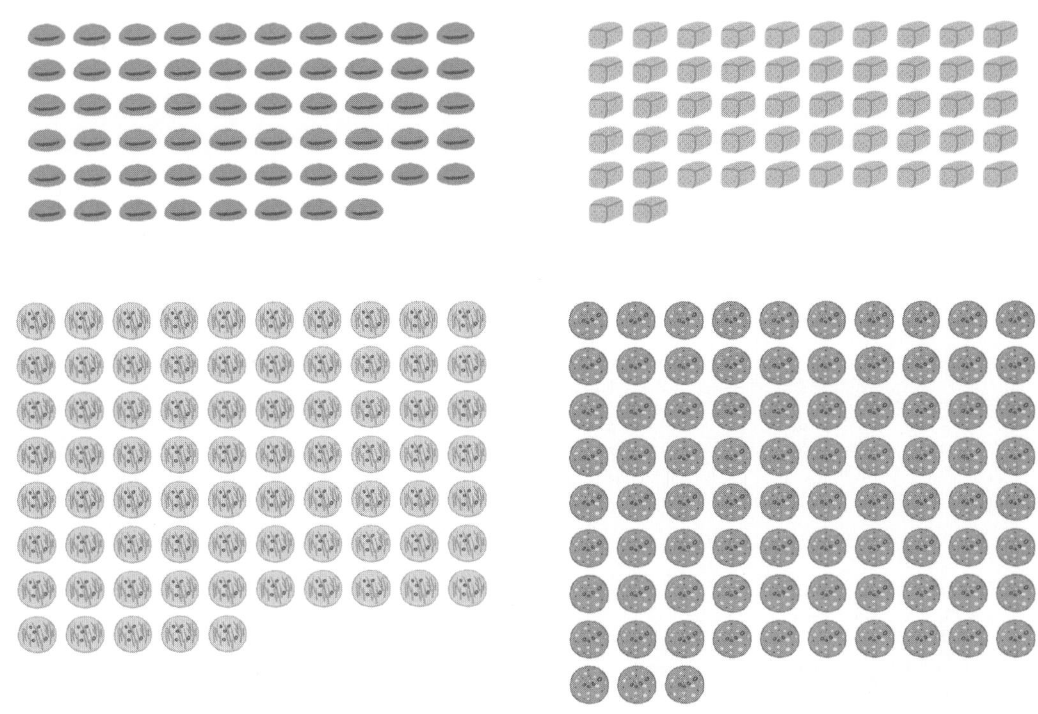

① 바람떡( )과 인절미( )는 각각 몇 개씩 있습니다까?

: (　　　)개, : (　　　)개

② 바람떡( )과 인절미( ) 중에서 어느 것이 더 많습니까?

(　　　　　　　　)

③ 파전( )과 김치전( )의 수를 각각 □ 안에 쓰고 ○ 안에 > 또는 <를 쓰세요.

3 장터에서 행운의 수를 뽑아요. 다음 물음에 답해 보세요.

1 더 큰 수를 뽑은 사람이 엿을 받을 수 있어요. 엿을 받을 수 있는 쪽에 ◯표 하세요.

2 가장 큰 수를 뽑은 사람에게 엿을 5개 주기로 했어요. 엿을 받을 수 있는 쪽에 ◯표 하세요.

3 가장 작은 수를 뽑은 사람은 엿을 3개 내놓아야 해요. 엿을 내놓아야 하는 쪽에 ◯표 하세요.

79　　81　　71

4 비밀 쪽지를 보고 수를 맞혀 보세요.

십의 자리 숫자가
8인 수 중
가장 큰 수야!

②

1, 5, 4, 8 중
두 수를 골라 만들 수 있는 수
중에서 가장 큰 수를 구해 봐!

③

9, 6, 7, 5 중
두 수를 골라 만들 수 있는 수
중에서 가장 작은 수를 구해 봐!

창의력 쑥쑥 문제

1 콩을 10개씩 세고 콩이 모두 몇 개인지 알아보세요.

① 빈칸에 알맞은 수나 말을 쓰세요.

10	20		40			70		90
	이십	삼십			육십	칠십		
열			마흔	쉰			여든	

② 콩의 수를 10개씩 묶어 세어 빈칸에 알맞은 수나 말을 쓰세요.

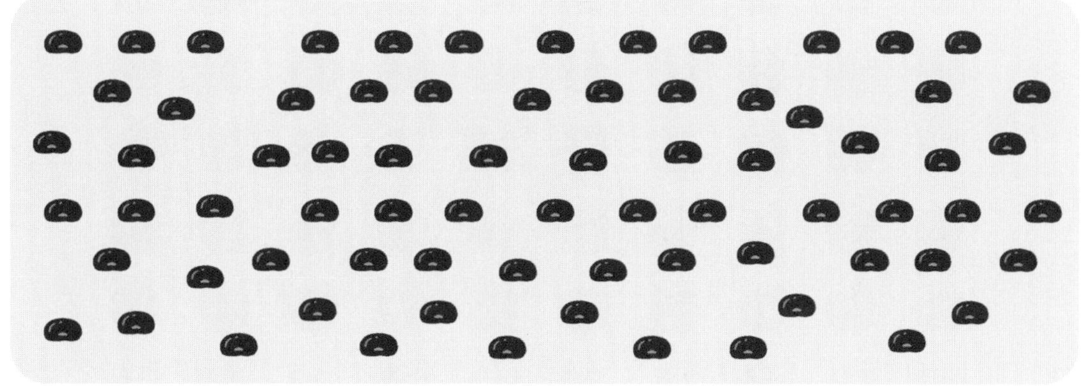

콩은 10개씩 (　　　)묶음과 낱개 (　　　)개이므로

모두 (　　　　)개입니다.

이 수는 (　　　　　) 또는 (　　　　　)(이)라고 읽습니다.

2 수가 없는 빈 항아리에 순서에 맞게 알맞은 수를 써 보세요.

① ②

3 수의 크기를 비교하여 빈칸을 알맞게 채워 보세요.

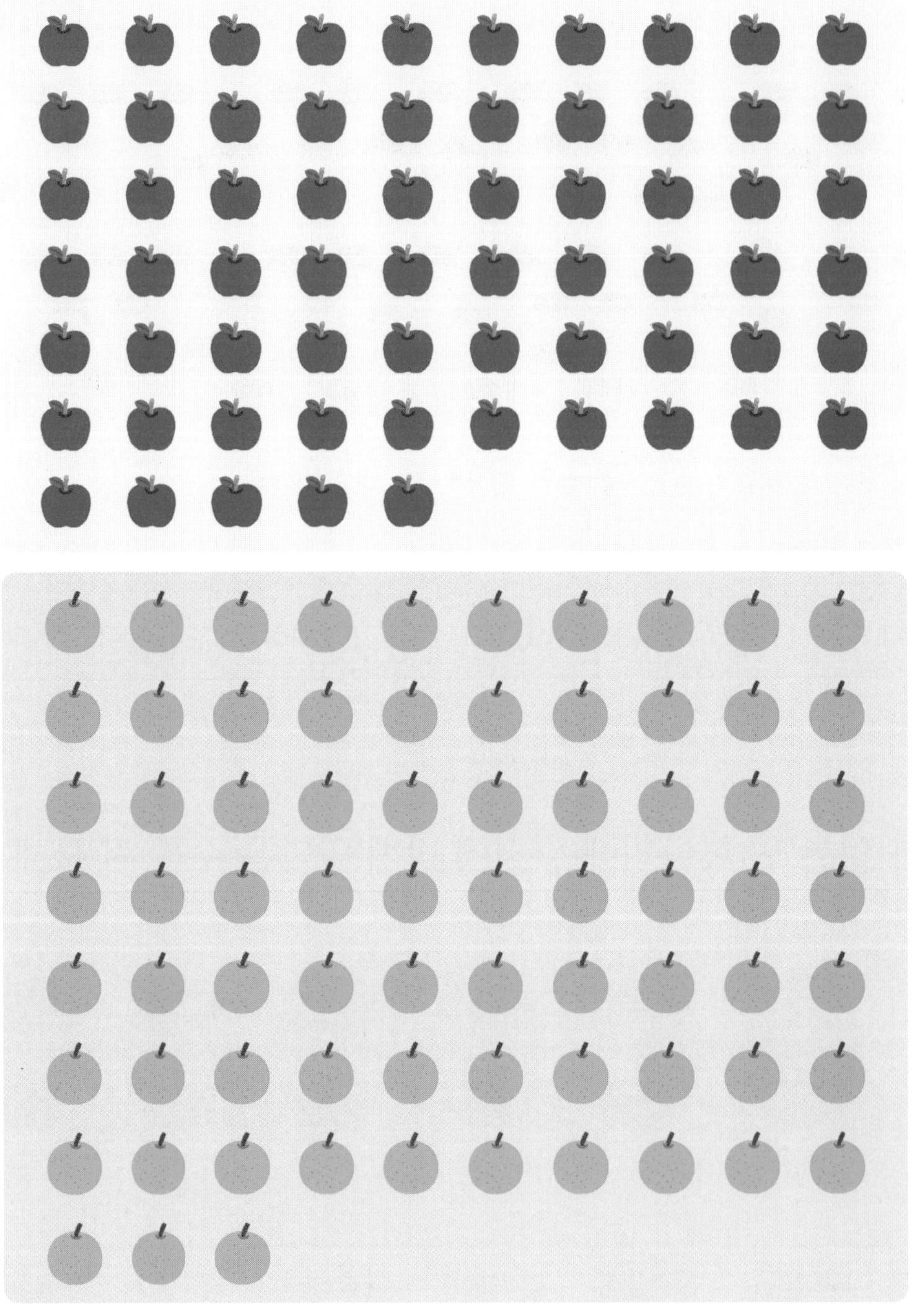

사과는 (   )개, 배는 (   )개 있으므로 (   )가 더 많이 있습니다.

4 수의 크기를 비교하여 빈칸에 알맞은 수를 쓰세요.

① 90보다 10 큰 수는 (　　　　)입니다.

② 80보다 1 작은 수는 (　　　　)입니다.

③ 91과 94 사이에 있는 수는 (　　　　), (　　　　)입니다.

5 □ 안에 들어갈 알맞은 숫자를 모두 찾아 ○표 해 보세요.

① 63 > 6□　　　0, 1, 2, 3, 4, 5

② 77 < □9　　　4, 5, 6, 7, 8, 9

6 사람들은 한 줄로 서서 원님에게 곡식을 받고 있어요.

나무꾼이 58번과 63번 사이에 서 있다면 58번과 63번 사이에는 몇 명이 서 있을까요?

□ 명

7 지수는 쪽지에 있는 수만큼 밤을 사와야 해요. 몇 개를 사야 할지 알아보세요.

십의 자리 숫자와
일의 자리 숫자의 합이 7이란다.
십의 자리 숫자가
일의 자리 숫자보다 크지.
이 수는 50보다 작단다.

① 십의 자리 숫자와 일의 자리 숫자의 합이 7이 되는 두 자리 수를 모두 쓰세요.

② ①의 수 중 십의 자리 숫자가 일의 자리 숫자보다 큰 수를 모두 쓰세요.

③ ②의 수 중 지수가 사와야 하는 50보다 작은 수를 쓰세요.

8 10에서 90까지의 수를 순서대로 한 번씩만 지나 장터 구경을 해 보세요.(단, ↖, ↗, ↘, ↙방향으로 갈 수 없습니다.)

→ 10	20	50	70	90
10	30	40	70	80
30	80	50	60	40
40	50	60	70	90
10	20	30	90	70

9 가로와 세로의 수가 순서에 맞게 들어가도록 빈칸에 알맞은 수를 써 보세요.

①

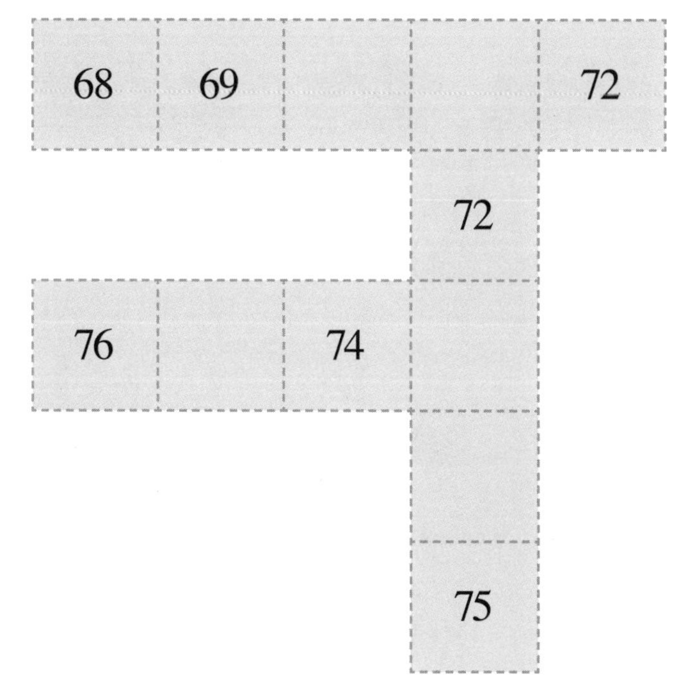

②

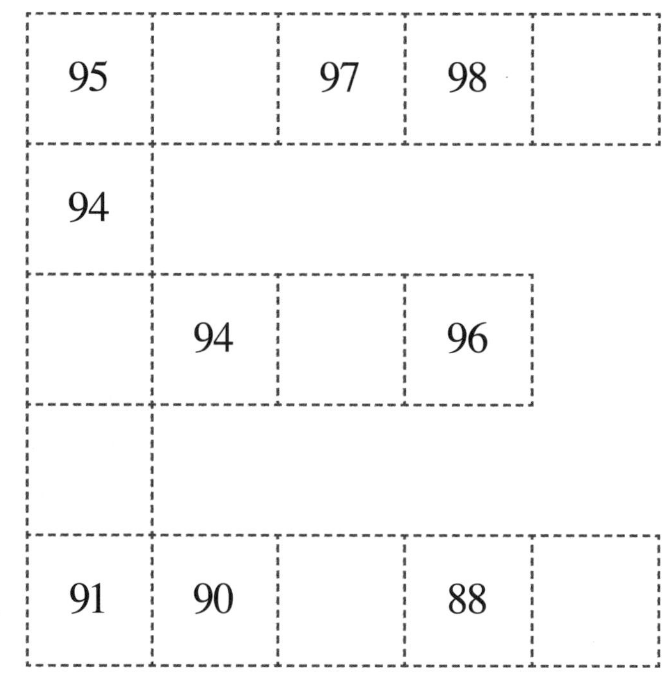

10 친구들이 내는 문제를 알아맞혀 보세요.

①

4개의 돌 중 2개를
한 번씩만 사용해서
70보다 큰 짝수를 만들어 봐.

②

4개의 돌 중
2개를 한 번씩만 사용해서
60보다 작은 수 중에서
가장 큰 수를 만들어 봐.

정답과 풀이

일러두기

풀이
문제에 대한 친절한 설명과 문제를 푸는 전략 및 포인트를 알려 줍니다. 또한 여러 가지 답이 있는 경우 예시 답을 밝혀 줍니다.

생각 열기
우리 주변의 생활 속에서 함께 생각해 볼 수 있는 상황들을 알려 주고, 문제의 의도나 수학적 사고력을 기를 수 있는 방법을 소개해 줍니다.

틀리기 쉬워요
문제 풀이 과정에서 어려워하거나 혼동하기 쉬운 부분을 짚어 줍니다.

참고
문제를 풀면서 더 알아 두면 도움이 될 만한 참고 내용을 알려 줍니다.

12~13쪽

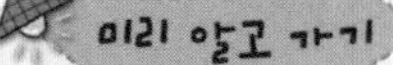

미리 알고 가기

이런 것들을 배워요

- 사물의 수를 셀 수 있어요.
- 1부터 5까지의 수를 쓰고 읽을 수 있어요.

함께 알아봐요

수를 다음과 같이 쓰고, 2가지 방법으로 읽을 수 있습니다.

나무토막	수 쓰기	수 읽기	
(1개)	1	일	하나
(2개)	2	이	둘
(3개)	3	삼	셋
(4개)	4	사	넷
(5개)	5	오	다섯

원리를 적용해요

하나 둘 셋

나무토막은 모두 (셋) 입니다.

하나 둘 셋 넷 다섯

나무토막은 모두 (다섯) 입니다.

이야기 속 문제 해결

나무꾼이 모은 나무토막의 수만큼 ◯를 그려 보세요.

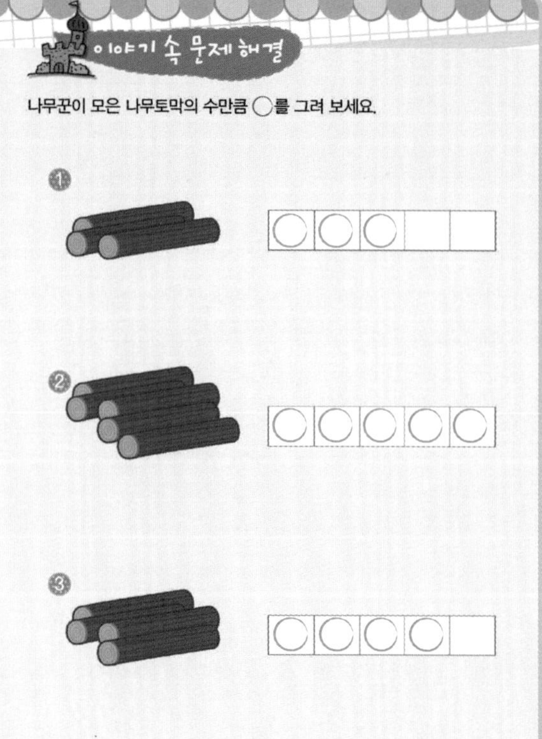

14~15쪽

실력 튼튼 문제

1 그림을 보고 빈칸에 알맞은 수를 써 보세요.

  1 명

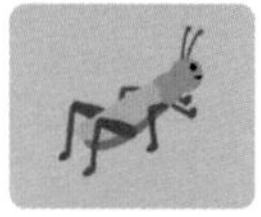  3 마리

 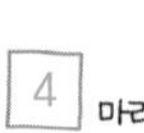 4 마리

 2 개

2 그림과 관계있는 것에 모두 ◯표 해 보세요.

❶ 

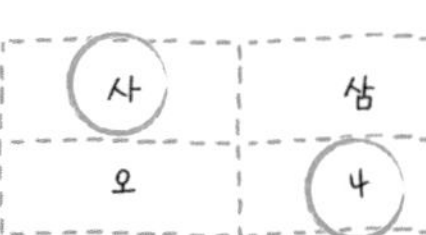

(사)	삼
오	(4)

❷ 

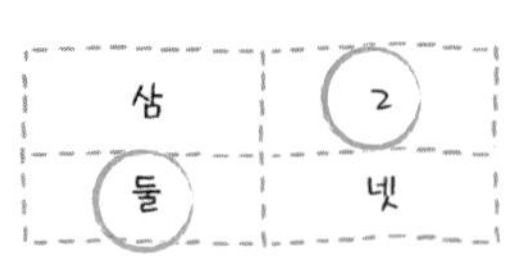

삼	(2)
(둘)	넷

❸ 

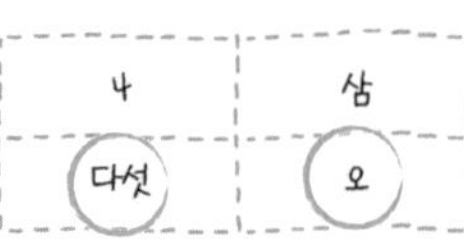

4	삼
(다섯)	(오)

3 주어진 동물의 수만큼 농장에 동물 붙임 딱지를 붙여 보세요.

오리 3마리, 고양이 1마리, 닭 2마리, 병아리 5마리, 토끼 4마리

4 1부터 5까지 순서대로 줄을 그어서 토끼의 집을 찾아보세요.

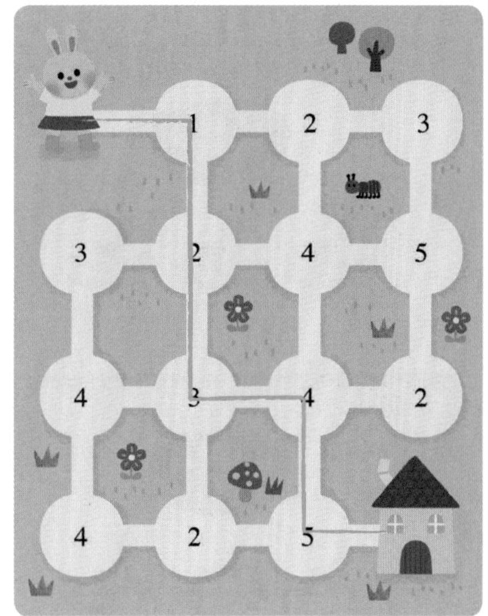

미리 알고 가기

이런 것들을 배워요

- 하나 더 많은 것과 하나 더 적은 것을 알 수 있어요.
- 0의 개념을 이해하고, 0을 읽고 쓸 수 있어요.

함께 알아봐요

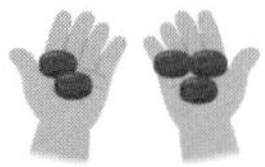

오른손에 있는 대추는 왼손에 있는 대추보다 하나 더 많습니다.

오른손에 있는 대추는 왼손에 있는 대추보다 하나 더 적습니다.

하나도 없는 것은 0이라 쓰고, 영이라고 읽습니다.

다람쥐는 도토리보다 많습니다.
다람쥐는 5이고, 도토리는 3입니다.
5는 3보다 큽니다.

다람쥐는 도토리보다 적습니다.
다람쥐는 2이고, 도토리는 4입니다.
2는 4보다 작습니다.

원리를 적용해요

왼쪽에 있는 엽전은 오른쪽에 있는 엽전보다 하나 더 (많다).

왼쪽에 있는 엽전은 오른쪽에 있는 엽전보다 하나 더 (적다).

이야기 속 문제 해결

를 읽고 구경꾼의 빈손에 알맞은 수의 대추만큼 ◯를 그려 보세요.

1 왼손에 있는 대추가 오른손에 있는 대추보다 하나 더 많습니다.

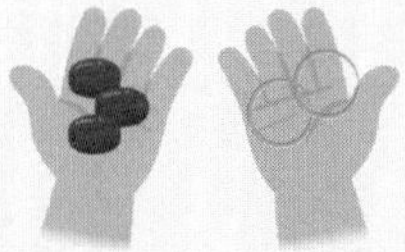

2 왼손에 있는 대추가 오른손에 있는 대추보다 하나 더 적습니다.

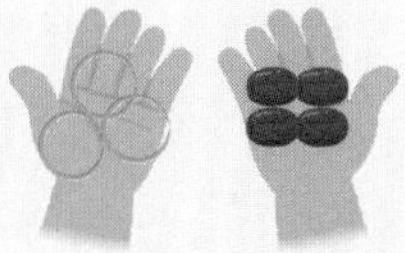

3 왼손에는 대추가 하나도 없고 오른손에는 대추가 2개 있습니다.

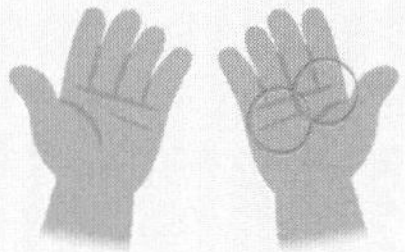

실력 튼튼 문제

1 바구니의 달걀을 보고 물음에 답해 보세요.

① 바구니에 있는 달걀의 수보다 하나 더 적게 달걀을 낳은 닭에 ○표 하세요.

( ) (○) ( )

② 바구니에 있는 달걀의 수보다 하나 더 많게 달걀을 낳은 닭에 ○표 하세요.

(○) ( ) ( )

2 주머니 속에 몇 개가 들어 있는지 알맞은 수를 써 보세요.

①
(2) (1) (0)

②
(0) (1) (2) (3)

③
(4) (3) (2) (1) (0)

풀이

2

① 주머니 속의 주먹밥의 수를 세어 봅니다.

② 주머니 속의 엽전의 수를 세어 봅니다.

③ 주머니 속의 사탕의 수를 세어 봅니다.

[틀리기 쉬워요]
주머니의 개수를 세지 않도록 합니다.

3 맞는 말이 있는 길을 따라가 다람쥐가 갖게 되는 도토리에 ◯표 해 보세요.

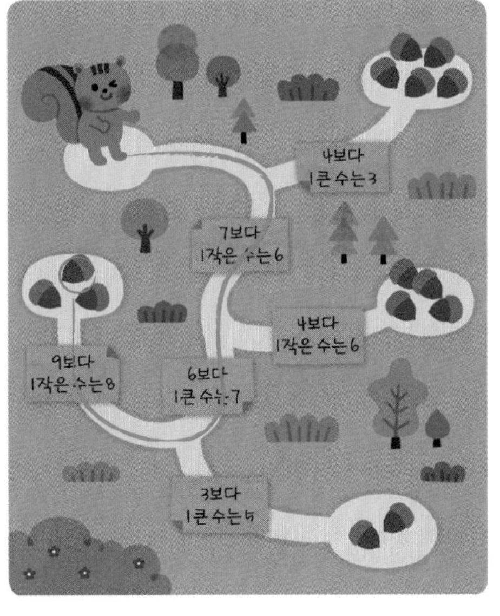

4 그림보다 하나 더 많은 수에 ◯표, 하나 더 적은 수에 △표 해 보세요.

풀이

3

틀린 말을 고치면 다음과 같습니다.

틀린 말	고친 말
4보다 1큰 수는 3	4보다 1 큰 수는 5
4보다 1작은 수는 6	4보다 1 작은 수는 3
3보다 1큰 수는 5	3보다 1 큰 수는 4

[참고]
수를 비교할 때는 '크다'와 '작다'로 말하고 사물의 개수를 비교할 때는 '많다'와 '적다'로 말합니다.

4

① 3보다 하나 더 많은 수는 4입니다.
3보다 하나 더 적은 수는 2입니다.

② 1보다 하나 더 많은 수는 2입니다.
1보다 하나 더 적은 수는 0입니다.

③ 4보다 하나 더 많은 수는 5입니다.
4보다 하나 더 적은 수는 3입니다.

[참고]
'많다'의 반대말은 '적다'이고 '크다'의 반대말은 '작다'입니다.

28~29쪽

미리 알고 가기

이런 것들을 배워요

- 6부터 9까지의 수를 쓰고 읽을 수 있어요.
- 수의 크기를 비교할 수 있어요.

함께 알아봐요

수를 다음과 같이 2가지 방법으로 읽을 수 있습니다.

사과	수 쓰기	수 읽기	
	6	육	여섯
	7	칠	일곱
	8	팔	여덟
	9	구	아홉

원리를 적용해요

하나 둘 셋 넷 다섯 여섯

사과는 모두 (여섯)입니다.

하나 둘 셋 넷 다섯 여섯 일곱 여덟 아홉

사과는 모두 (아홉)입니다.

이야기 속 문제 해결

과일의 수가 하나씩 커지는 것을 모두 찾아 ◯표 해 보세요.

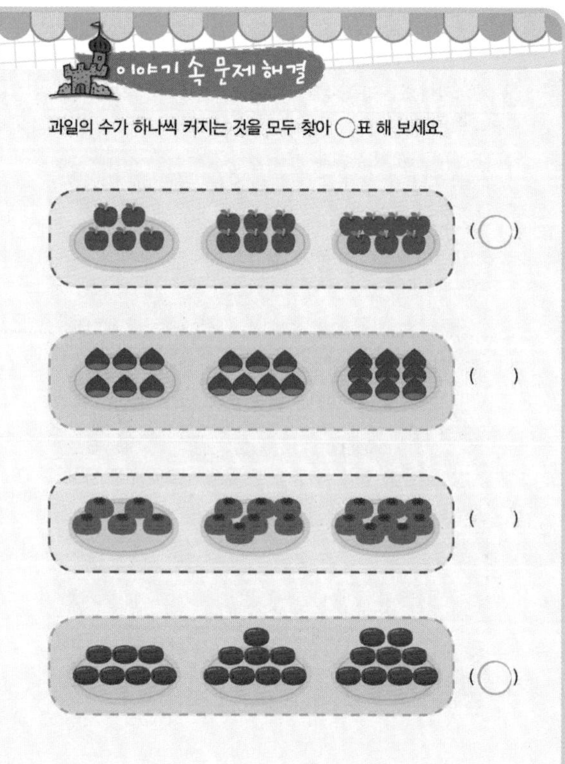

30~31쪽

실력 튼튼 문제

1 주어진 수만큼 물건을 묶어 보세요.

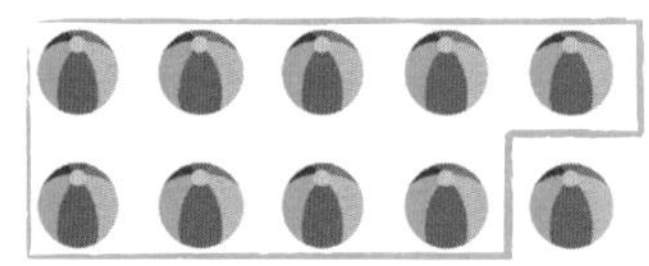

※다양한 방법으로 주어진 수만큼 묶을 수 있습니다.

2 과일의 수를 세어 빈칸에 알맞은 수를 써 보세요.

8 개

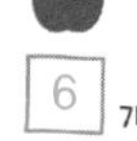
6 개

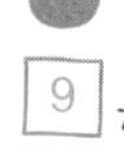
9 개

7 개

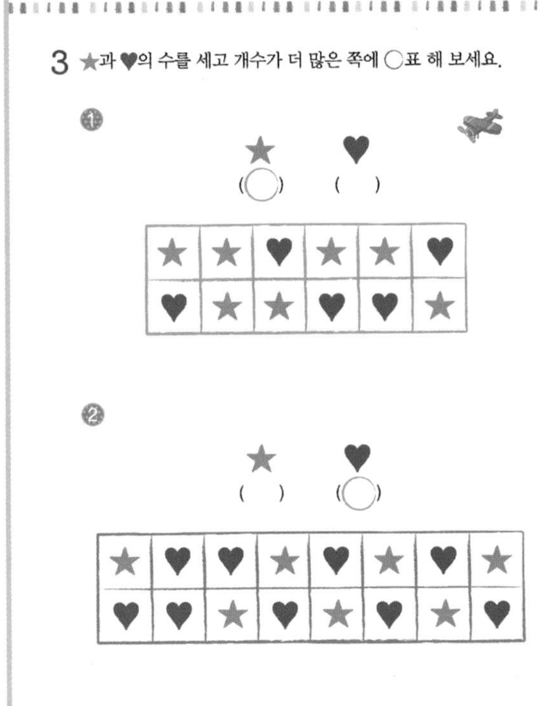

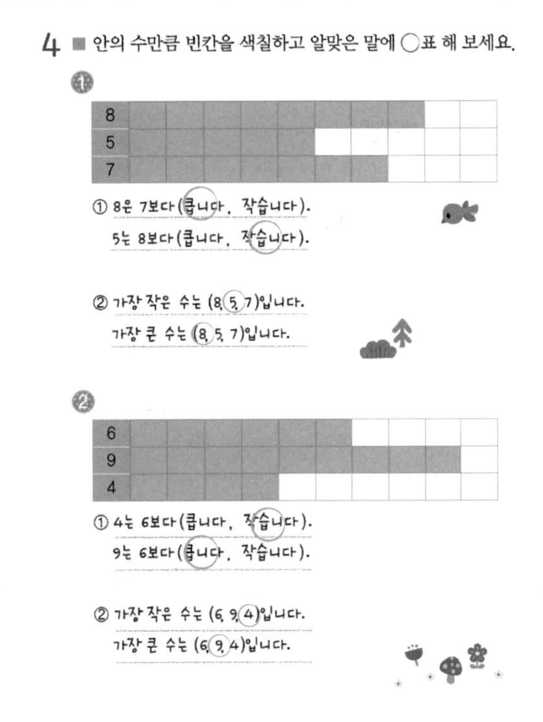

풀이

3

① ★의 수는 7이고, ♥의 수는 5이므로, ★의 수는 ♥의 수보다 2개 더 많습니다.

② ★의 수는 7이고, ♥의 수는 9이므로, ★의 수는 ♥의 수보다 2개 더 적습니다.

4

세 수의 크기를 비교할 때에는 '큰 수', '작은 수'가 아닌 '가장 큰 수', '가장 작은 수'로 말합니다.

34~35쪽

창의력 쑥쑥 문제

1 그림을 보고 빈칸에 알맞은 수를 써 보세요.

① 

신호등 색은 모두 (3)개예요.

② 

문어 다리는 모두 (8)개예요.

③ 

주사위에서 보이는 점은 모두 (6)개예요.

④ 

오륜기의 동그라미는 모두 (5)개예요.

⑤ 

토끼의 귀는 모두 (2)개예요.

⑥ 

자동차 바퀴는 모두 (4)개예요.

2 같은 수를 나타내는 것끼리 줄로 이어 보세요.

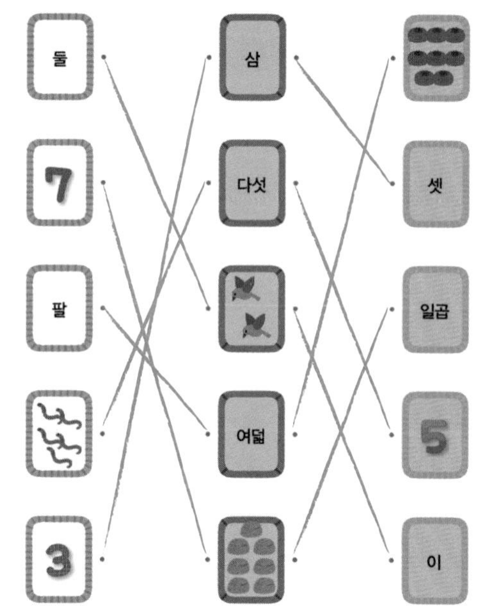

36~37쪽

3 순서대로 카드를 놓았어요. 잘못 놓은 카드를 찾아 알맞은 자리로 옮겨 보세요.

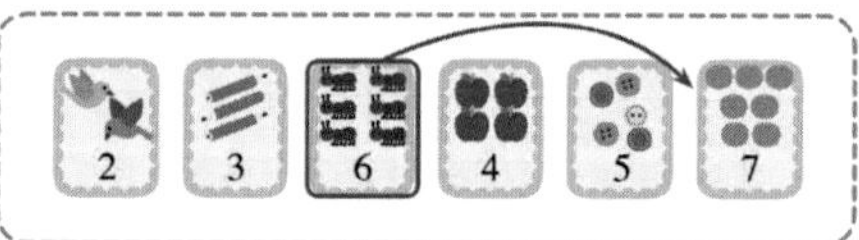

①

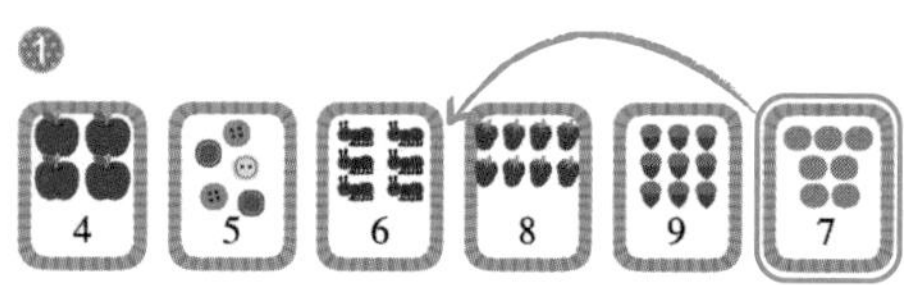

②

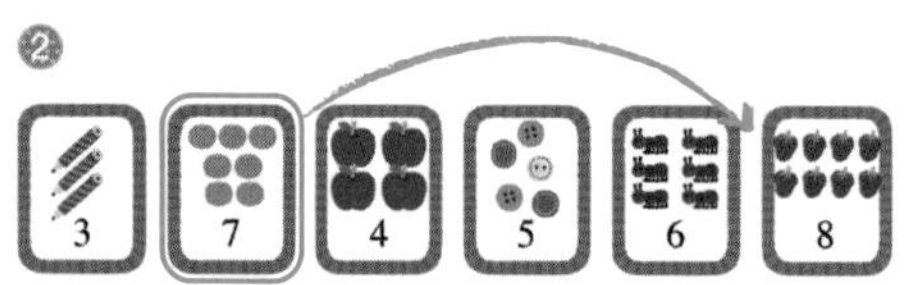

4 수 카드 6장을 순서대로 늘어놓으려고 할 때, ★에 알맞은 수를 찾아보세요.

①

4 5 9 8 ★ 7

→ 4 5 ★ 7 8 9

★ = 6

②

3 5 8 ★ 7 6

→ 3 ★ 5 6 7 8

★ = 4

5 똑똑한 남생이가 낸 문제를 해결해 보세요.

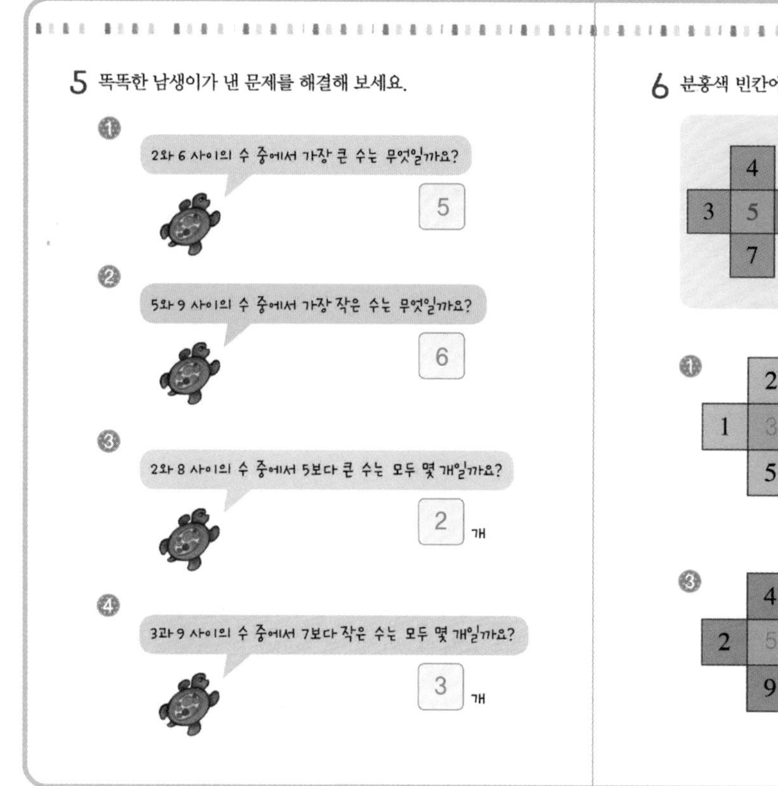

6 분홍색 빈칸에 들어갈 알맞은 수를 써 보세요.

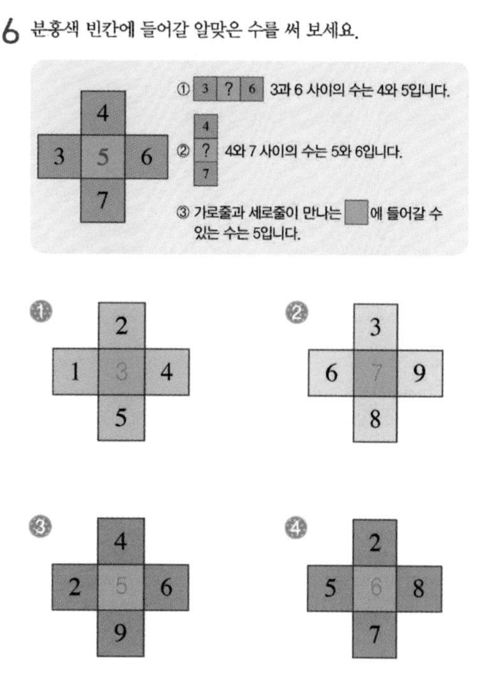

5

① 2와 6 사이의 수는 3, 4, 5이고 세 수 중 가장 큰 수는 5입니다.

② 5와 9 사이의 수는 6, 7, 8이고 세 수 중 가장 작은 수는 6입니다.

③ 2와 8 사이의 수는 3, 4, 5, 6, 7이고, 5보다 큰 수는 6, 7입니다.

④ 3과 9 사이의 수는 4, 5, 6, 7, 8이고, 7보다 작은 수는 4, 5, 6입니다.

6

① 1과 4 사이의 수는 2, 3입니다.
2와 5 사이의 수는 3, 4입니다.
공통된 수는 3입니다.

② 6과 9 사이의 수는 7, 8입니다.
3과 8 사이의 수는 4, 5, 6, 7입니다.
공통된 수는 7입니다.

③ 2와 6 사이의 수는 3, 4, 5입니다.
4와 9 사이의 수는 5, 6, 7, 8입니다.
공통된 수는 5입니다.

④ 5와 8사이의 수는 6, 7입니다.
2와 7사이의 수는 3, 4, 5, 6입니다.
공통된 수는 6입니다.

42~43쪽

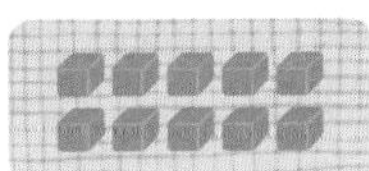

미리 알고 가기

이런 것들을 배워요

- 10을 알고, 10 이하의 수를 여러 가지 방법으로 셀 수 있어요.
- 10을 여러 가지 방법으로 표현할 수 있어요.

함께 알아봐요

10은 9보다 1 큰 수입니다.
10은 십 또는 열이라고 읽습니다.

원리를 적용해요

남생이가 9마리 있습니다. 남생이 1마리가 놀러오면 모두 (10)마리이고, (십) 또는 (열)이라고 읽습니다.
남생이를 하나씩 세어 보면 일, (이), (삼), 사, 오, (육), (칠), 팔, (구), (십)입니다.

이야기 속 문제 해결

나무꾼이 장터에서 얻은 사과를 세고 있습니다. ( )에 알맞은 말을 써 보세요.

① 사과를 '하나'부터 세어 보세요.

하나	둘	셋	넷	다섯
여섯	일곱	여덟	아홉	열

② 사과를 '십'부터 거꾸로 세어 보세요.

십	구	팔	칠	육
오	사	삼	이	일

③ 사과의 수와 똑같이 ◯를 그리세요.

44~45쪽

실력 튼튼 문제

1 장난감이 10개가 되도록 붙임 딱지를 붙여 보세요.

①

②

2 잘못 센 부분에 ×표 하고 바르게 고쳐 보세요.

① 로봇을 '하나'부터 세고 있습니다.

② 공을 '십'부터 거꾸로 세고 있습니다.

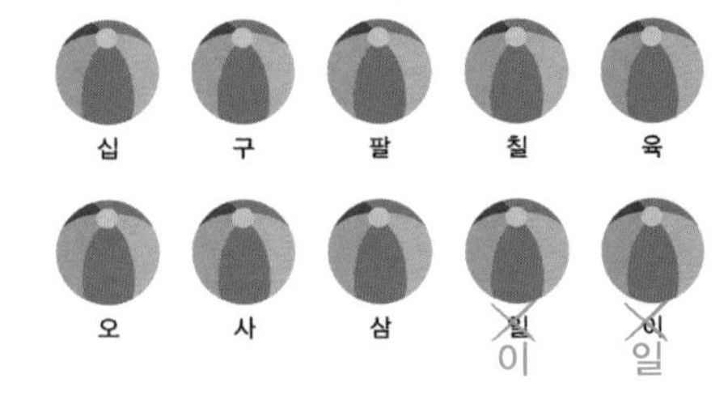

3 블록이 10개가 되도록 짝을 지어 줄로 이어 보세요.

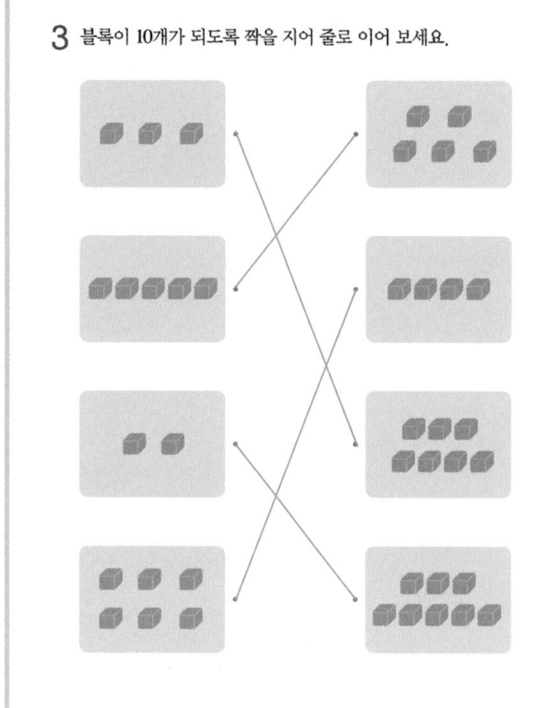

4 블록의 수가 10개가 되도록 블록을 그리고 색칠해 보세요.

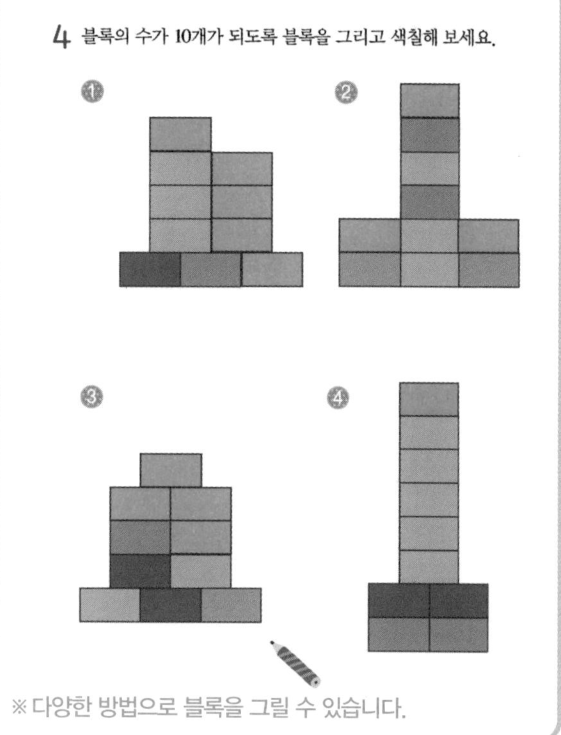

※ 다양한 방법으로 블록을 그릴 수 있습니다.

생각 열기

10 이하의 수 세기는 이후 수 세기 활동, 덧셈과 뺄셈의 기초가 됩니다. 따라서 정확하게 수를 셀 수 있도록 합니다.
특히, 거꾸로 세기는 어려운 활동이므로 충분히 연습합니다.

생각 열기

블록을 그릴 때는 실제로 블록 쌓기를 한다는 생각으로 블록을 그리고 어떤 모양인지 재미있는 제목도 붙여 창의 활동을 해 봅니다.

4

주어진 블록의 수를 센 후, 이어 세기를 하여 필요한 블록의 수만큼 그립니다.

풀이

50~51쪽

미리 알고 가기

이런 것들을 배워요

- 11부터 19까지의 수, 20, 30, 40, 50을 쓰고 읽을 수 있어요.
- 십 몇을 10개씩 묶음 한 개와 낱개로 나타낼 수 있어요.
- 몇십 몇을 쓰고 읽을 수 있어요.

함께 알아봐요

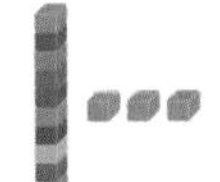

13은 10개씩 1묶음과 낱개 3개입니다.
13은 십삼 또는 열셋이라고 읽습니다.

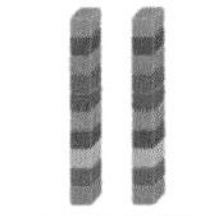

20은 10개씩 2묶음입니다.
20은 이십 또는 스물이라고 읽습니다.

24는 10개씩 2묶음과 낱개 4개입니다.
24는 이십사 또는 스물넷이라고 읽습니다.

30은 삼십 또는 서른이라고 읽고,
40은 사십 또는 마흔이라고 읽고,
50은 오십 또는 쉰이라고 읽습니다.

원리를 적용해요

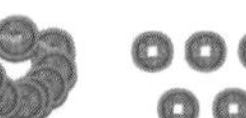

엽전은 10개씩 (4)묶음과 낱개 (5)개이므로 모두 (45) 입니다. (사십오)또는 (마흔다섯)이라고 읽습니다.

이야기 속 문제 해결

나무꾼이 털북숭이 장사꾼에게 엽전을 몇 개 받았는지 알아보세요.

1. 처음에 털북숭이 장사꾼은 나무꾼에게 엽전 20개를 주려고 했습니다. 엽전 20개를 10개씩 묶어 보세요.

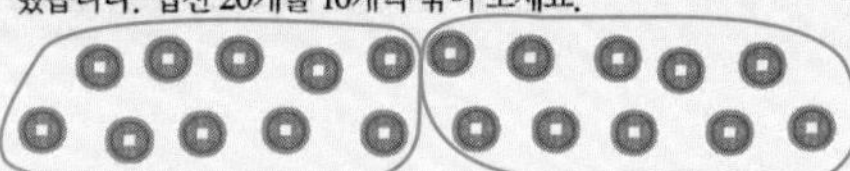

2. 빈칸에 알맞은 말을 써 보세요.

나무꾼이 냄새이를 팔지 않자, 털북숭이 장사꾼은 나무꾼에게 엽전 30개를 준다고 했습니다.
엽전 30개는 10개씩 (3) 묶음이고, (서른) 또는 (삼십)이라고 읽습니다.

3. 나무꾼이 싫다고 하자, 장사꾼은 10개씩 3묶음에 2개를 더 주기로 했습니다. 엽전의 수만큼 색칠하고 알맞은 말을 써 보세요.

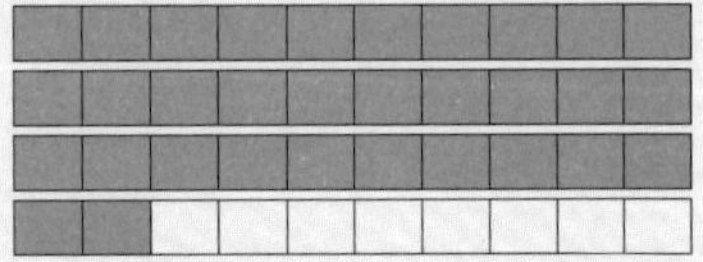

장사꾼이 주기로 한 엽전은 모두 (32)개이고, (삼십이) 또는 (서른둘)이라고 읽습니다.

※다양한 방법으로 엽전을 10개씩 묶을 수 있습니다.

52~53쪽

실력 튼튼 문제

1 과일을 10개씩 묶어 센 다음 과일의 수를 써 보세요.

①

복숭아는 10개씩 (1) 묶음과 낱개 (7)개이므로 모두 (17)개입니다.

②

사과는 10개씩 (3) 묶음과 낱개 (0)개이므로 모두 (30)개입니다.

③

딸기는 10개씩 (4) 묶음과 낱개 (2)개이므로 모두 (42)개입니다.

※다양한 방법으로 과일을 10개씩 묶을 수 있습니다.

2 수를 순서대로 읽고 써 보세요.

1	2	3	4	5
6	7	8	9	10
(11)	12	13	14	15
16△	17	18	19√	20

① 표의 빈칸에 알맞은 수를 쓰세요.

② 12보다 1 작은 수를 찾아 ○표 하세요.

③ 15보다 1 큰 수를 찾아 △표 하세요.

④ 10개씩 1묶음과 낱개 9개인 수를 찾아 √표 하세요.

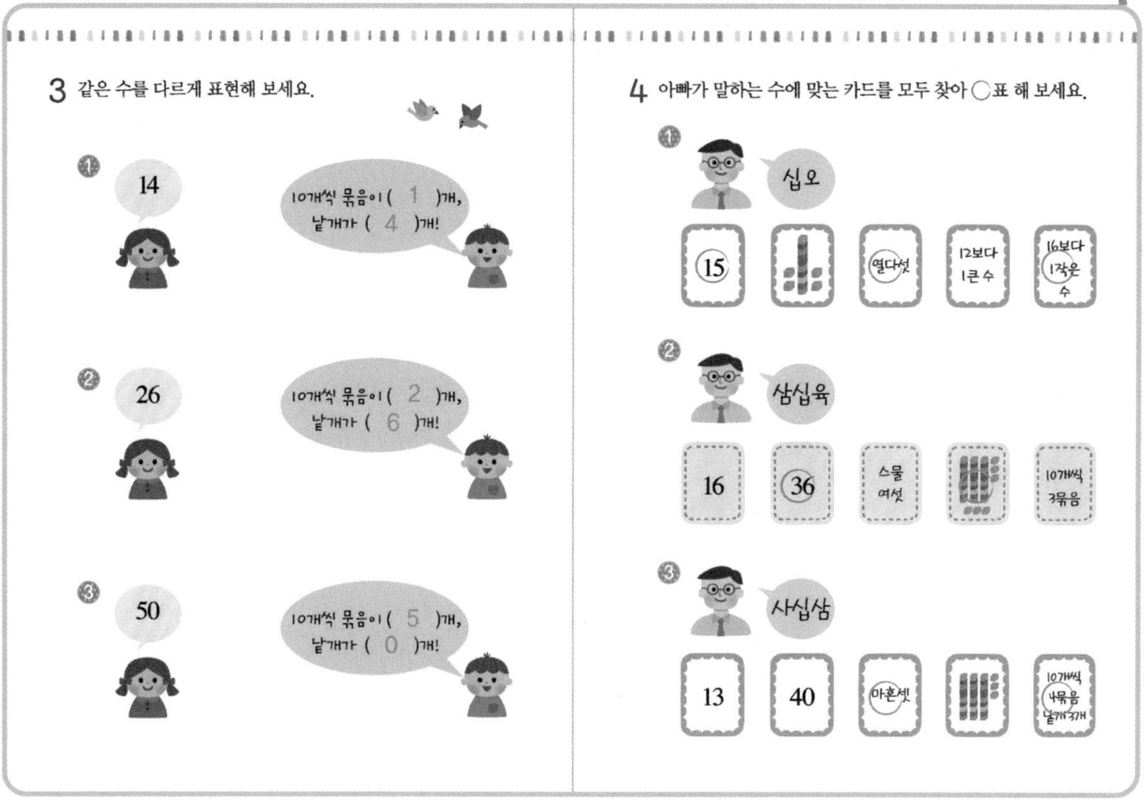

3 같은 수를 다르게 표현해 보세요.

① 14
10개씩 묶음이 (1)개, 낱개가 (4)개!

② 26
10개씩 묶음이 (2)개, 낱개가 (6)개!

③ 50
10개씩 묶음이 (5)개, 낱개가 (0)개!

4 아빠가 말하는 수에 맞는 카드를 모두 찾아 ○표 해 보세요.

① 십오
15 / (그림) / 열다섯 / 12보다 1 큰 수 / 16보다 1 작은 수

② 삼십육
16 / 36 / 스물여섯 / (그림) / 10개씩 3묶음

③ 사십삼
13 / 40 / 마흔셋 / (그림) / 10개씩 4묶음 낱개 3개

생각 열기

10개씩 묶음과 낱개가 몇 개인지 세어 보는 활동을 통해 십진법의 구조를 파악할 수 있습니다.

4

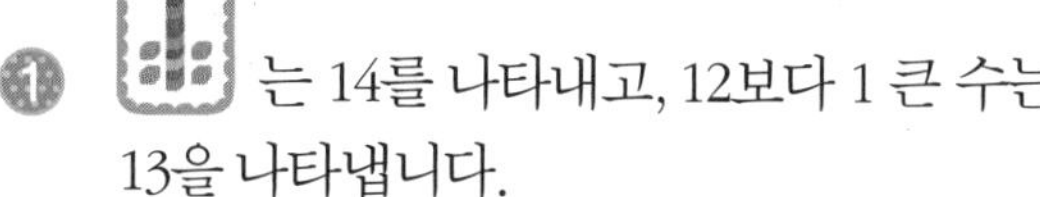

① (그림)는 14를 나타내고, 12보다 1 큰 수는 13을 나타냅니다.

② 36은 서른여섯이라고 읽고, 10개씩 3묶음과 낱개가 6개입니다.

③ 사십삼은 마흔셋이라고도 읽고 43이라고 씁니다.

풀이

58~59쪽

미리 알고 가기

이런 것들을 배워요

- 50까지의 수를 순서대로 읽고 쓸 수 있어요.
- 두 수의 크기를 비교할 수 있어요.

함께 알아봐요

50까지의 수를 순서대로 적으면 다음과 같습니다.

1	2	3	4	5	6	7	8	9	10
11	12	13	14	15	16	17	18	19	20
21	22	23	24	25	26	27	28	29	30
31	32	33	34	35	36	37	38	39	40
41	42	43	44	45	46	47	48	49	50

32와 28의 크기를 비교하면 다음과 같습니다.

32는 10개씩 묶음의 수가 3이고, 28은 10개씩 묶음의 수가 2입니다.
32는 28보다 큽니다. 28은 32보다 작습니다.

원리를 적용해요

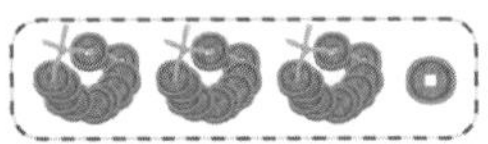

21은 10개씩 묶음이 (2)개이고, 31은 10개씩 묶음이 (3)개입니다. 21은 31보다 (작습)니다.

이야기 속 문제 해결

누구에게 남생이를 팔아야 돈을 더 많이 받는지 알아보세요.

1 엽전 37개, 43개, 47개를 10개씩 묶어서 크기를 비교하세요.

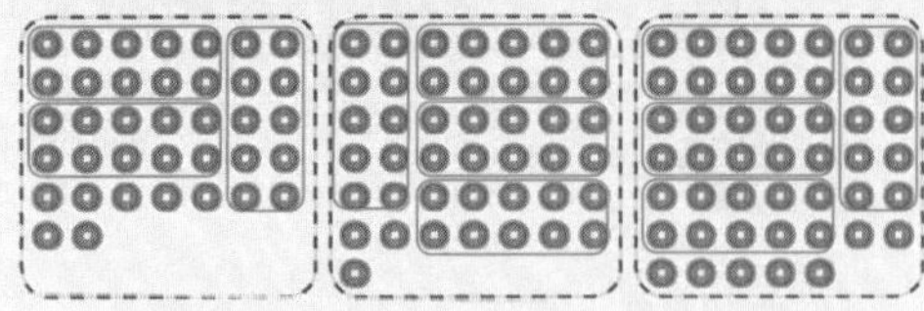

10개씩 묶음의 수는 37개는 (3)개, 43개는 (4)개, 47개는 (4)입니다. 37은 43보다 (작습)니다. 37은 47보다 (작습)니다.

2 엽전 43개와 엽전 47개는 10개씩 묶음의 수가 같아요. 낱개의 수를 구해서 크기를 비교하세요.

	10개씩 묶음의 수	낱개의 수
엽전 43개	4	3
엽전 47개	4	7

47은 43보다 (큽)니다.

3 어떤 장사꾼이 돈을 가장 많이 주는지 ○표 하세요.

( ) ( ) (○)

※다양한 방법으로 엽전을 10개씩 묶을 수 있습니다.

60~61쪽

실력 튼튼 문제

1 수 기차의 빈칸에 수를 순서대로 써 보세요.

1

2
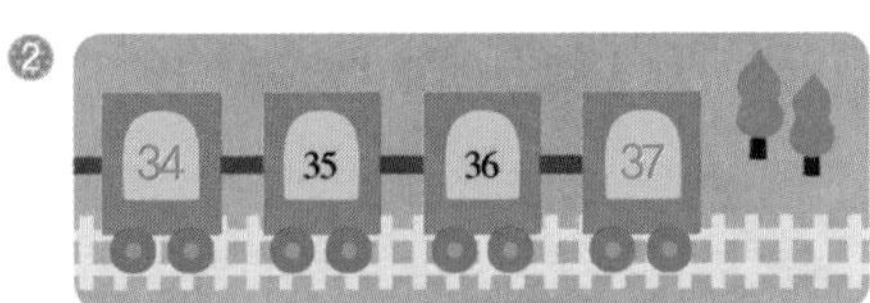

3

2 빈칸에 알맞은 수를 써 사물함 번호를 알아보세요.

1 주어진 수를 작은 수부터 순서대로 사물함에 쓰세요.

2 서준이의 사물함은 24번과 26번 사물함 사이에 있습니다.
서준이의 사물함 번호는 (25)번입니다.

3 아람이의 사물함 번호는 30번입니다. 아람이의 사물함은 (29)번과 31번 사물함 사이에 있습니다.

4 22번 사물함과 26번 사물함 사이에 있는 사물함의 번호는 (23), (24), (25)번입니다.

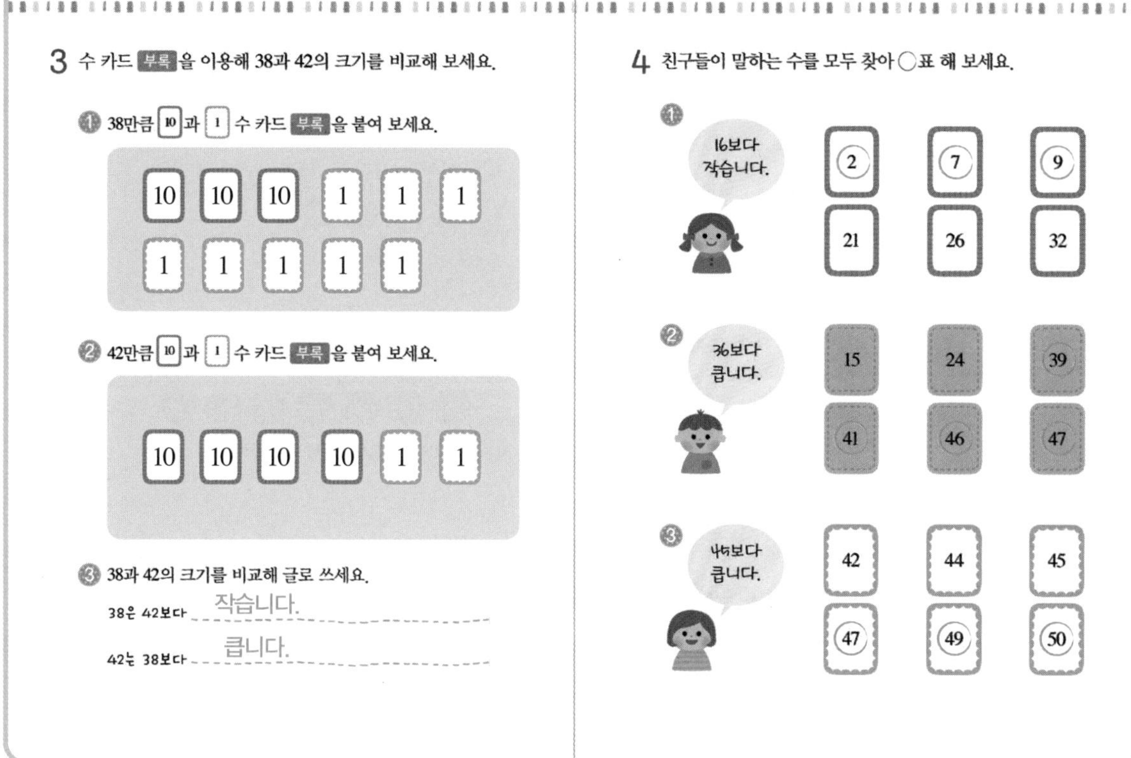

풀이

생각 열기

수 카드나 구체물을 이용하여 두 수의 크기를 비교하는 활동을 통해 최종적으로는 구체물 없이 수를 비교할 줄 알아야 합니다.

십의 자리 숫자를 비교해서 두 수 중 십의 자리 숫자가 더 큰 수가 큰 수이고, 십의 자리 숫자가 같은 경우에는 일의 자리 숫자만 비교하여 일의 자리 숫자가 더 큰 수가 큰 수라는 것을 알게 합니다.

이때 '십의 자리 숫자', '일의 자리 숫자' 라는 용어 대신 '10개씩 묶음의 수를 비교한 후, 낱개의 수를 비교한다.' 로 설명합니다.

4

③

[틀리기 쉬워요]

45는 45보다 큰 수가 아닙니다.

66~67쪽

미리 알고 가기

✱ 이런 것들을 배워요

- 짝수와 홀수를 알 수 있어요.
- 50까지의 수를 세고, 짝수와 홀수를 구분할 수 있어요.

✱ 함께 알아봐요

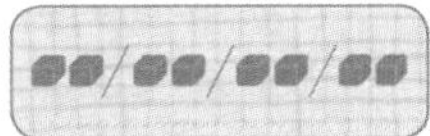

2, 4, 6, 8, 10, …과 같이 둘씩 짝을 지을 수 있는 수를 짝수라고 합니다.

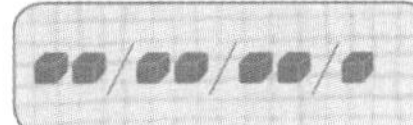

1, 3, 5, 7, 9, …와 같이 둘씩 짝을 지을 수 없는 수를 홀수라고 합니다.

✱ 원리를 적용해요

엽전 12개를 둘씩 짝을 지으면 짝을 지을 수 (있습니다, 없습니다).
그러므로 12는 (짝수, 홀수)입니다.

엽전 15개를 둘씩 짝을 지으면 짝을 지을 수 (있습니다, 없습니다).
그러므로 15는 (짝수, 홀수)입니다.

이야기 속 문제 해결

털북숭이 장사꾼이 가지고 있는 엽전을 보고 알맞은 말에 ◯표 해 보세요.

1 둘씩 짝지어 보고 짝수인지 홀수인지 ◯표 하세요.

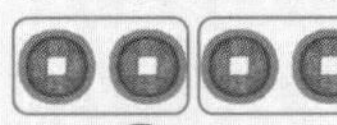

엽전은 (짝수, 홀수)입니다.

2 나무꾼이 이기려면 무엇이라고 말해야 하는지 ◯표 하세요.

나무꾼은 (짝, 홀)이라고 말하면 이깁니다.

3 털북숭이 장사꾼이 이기려면 나무꾼이 뭐라고 말해야 하는지 ◯표 하세요.

나무꾼이 (짝, 홀)이라고 말하면 털북숭이 장사꾼이 이깁니다.

68~69쪽

실력 튼튼 문제

1 화단에 핀 장미꽃과 튤립을 보고 물음에 답해 보세요.

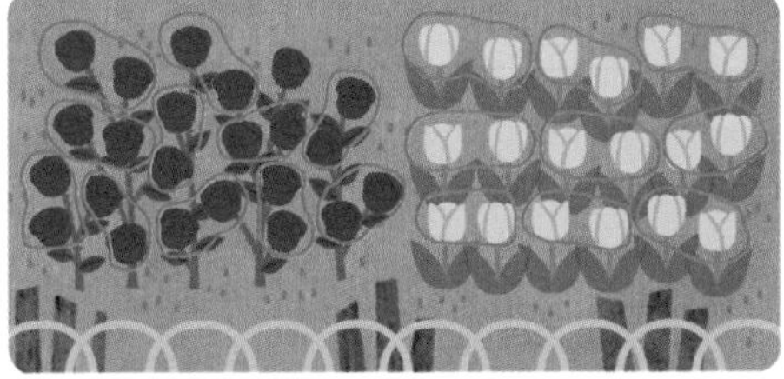

1 장미꽃( )은 모두 몇 송이인가요?

23 송이

2 튤립( )은 모두 몇 송이인가요?

18 송이

3 장미꽃을 둘씩 짝을 지어 보고 짝수인지 홀수인지 쓰세요.

(홀수)

4 튤립을 둘씩 짝을 지어 보고 짝수인지 홀수인지 쓰세요.

(짝수)

2 그림 카드 10장을 보고 물음에 답해 보세요.

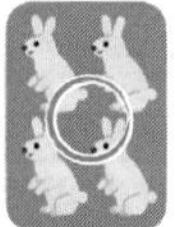

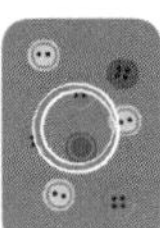
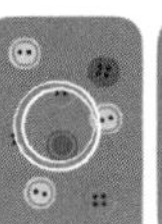
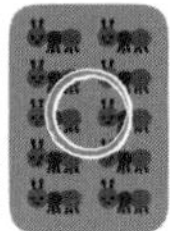

1 그림의 수가 짝수인 카드를 모두 찾아 ◯표 하세요.

2 그림의 수가 홀수인 카드를 모두 찾아 △표 하세요.

3 카드의 그림이 짝수인 것을 모두 골라 수로 쓰세요.

(2, 4, 6, 8, 10)

4 카드의 그림이 홀수인 것을 모두 골라 수를 쓰세요.

(1, 3, 5, 7, 9)

3 짝수에 색을 칠하고 그림에 제목을 지어 보세요.

33	6	36	20	7	9	13	32	42	38	19
8	45	13	39	28	21	24	37	23	39	46
14	49	15	17	23	12	13	39	25	41	50
48	47	27	49	15	11	21	33	35	31	44
39	28	13	7	23	27	37	39	3	12	13
9	27	16	5	35	43	41	11	18	31	27
23	17	19	10	11	19	17	20	45	15	17
25	15	5	23	22	21	30	27	49	7	25
35	27	49	25	11	34	13	17	47	13	39

제목 : 엄마, 아빠를 사랑하는 내 마음

4 4장의 숫자 카드로 여러 가지 두 자리 수를 만들어 보세요.

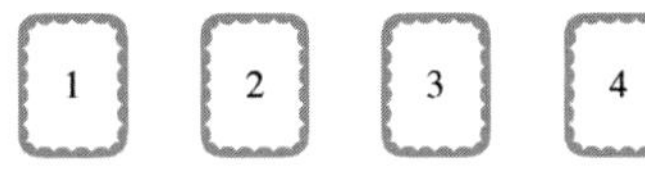

① 두 자리 수인 짝수를 모두 만들어 보세요.

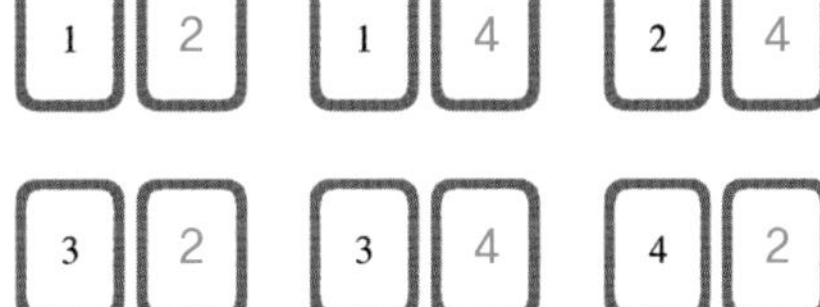

② 두 자리 수인 홀수를 모두 만들어 보세요.

3

두 자리 수의 경우는 10개씩 묶고 난 후, 나머지(낱개)가 1, 3, 5, 7, 9개 있으면 홀수이고, 나머지(낱개)가 0, 2, 4, 6, 8개 있으면 짝수입니다.

[참고]

0은 짝수이지만 초등 교육 과정에서는 다루지 않습니다.

4

주어진 4장의 숫자 카드로 만들 수 있는 두 자리 수는 짝수와 홀수를 모두 합해 12개입니다.

① 짝수는 일의 자리 숫자가 2 또는 4가 와야 합니다. 따라서 만들 수 있는 짝수는 12, 14, 24, 32, 34, 42입니다.

② 홀수는 일의 자리 숫자가 1 또는 3이 와야 합니다. 따라서 만들 수 있는 홀수는 13, 21, 23, 31, 41, 43입니다.

[틀리기 쉬워요]

수를 만들 때 같은 카드를 두 번 사용할 수 없습니다.

창의력 쑥쑥 문제

1 토끼와 다람쥐가 일주일 동안 먹을 먹이를 보고 빈칸에 수를 쓰거나, 알맞은 말에 ○표 해 보세요.

① 당근은 10개씩 (2)묶음과 낱개 (2)개이므로 모두 (22)개입니다.

② 도토리는 10개씩 (3)묶음과 낱개 (3)개이므로 모두 (33)개입니다.

③ 당근의 수는 도토리의 수보다 (많습니다, 적습니다).

④ 당근은 둘씩 짝지으면 짝을 지을 수 (있습니다, 없습니다).

⑤ 도토리는 둘씩 짝지으면 짝을 지을 수 (있습니다, 없습니다).

2 꼬마 동물 마을의 이야기를 읽고 빈칸에 수를 쓰거나, 알맞은 말에 ○표 해 보세요.

앵무새는 모두 (16)마리이고, 다람쥐는 모두 (23)마리입니다.

앵무새의 수는 (짝수, 홀수)입니다.

다람쥐의 수는 (짝수, 홀수)입니다.

사막여우는 모두 (11)마리이고, 수달은 모두 (8)마리입니다.

사막여우의 수는 수달의 수보다 (많, 적)습니다.

풀이

생각 열기

당근과 도토리 등 많은 물건의 수를 셀 때, 10개씩 묶어서 셀 수 있습니다.

1

③ 22가 33보다 작으므로 당근의 수는 도토리의 수보다 적습니다.

④ 22는 10개씩 묶고 난 후 낱개가 2개 남으므로 짝수입니다. 따라서 당근은 둘씩 짝을 지을 수 있습니다.

⑤ 33은 10개씩 묶고 난 후 낱개가 3개 남으므로 홀수입니다. 따라서 도토리는 둘씩 짝을 지을 수 없습니다.

2

16은 10개씩 묶으면 낱개가 6 남으므로 짝수이고, 23은 10개씩 묶으면 낱개가 3 남으므로 홀수입니다.
따라서 앵무새의 수는 짝수이고, 다람쥐의 수는 홀수입니다.
11은 8보다 큽니다. 그러므로 사막여우의 수는 수달의 수보다 많습니다.

3 책상 위에 있는 그림을 보고 알맞은 수 카드를 모두 찾아 ◯표 해 보세요.

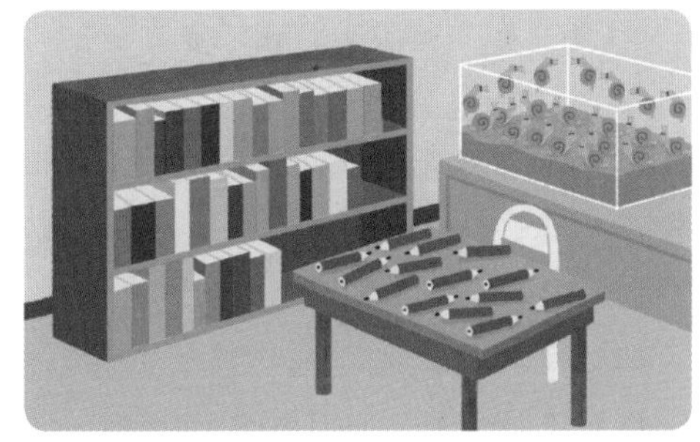

①

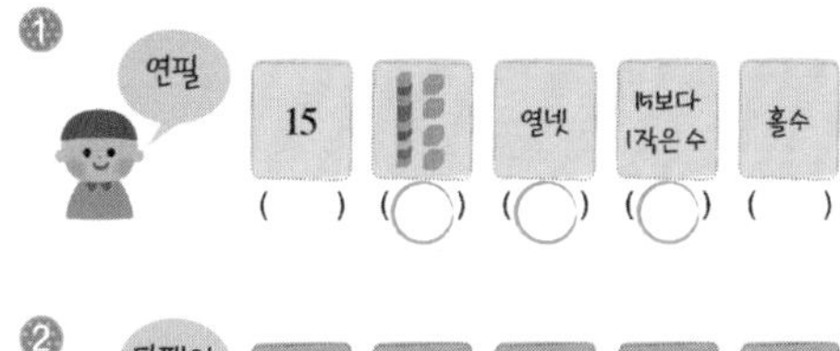

②

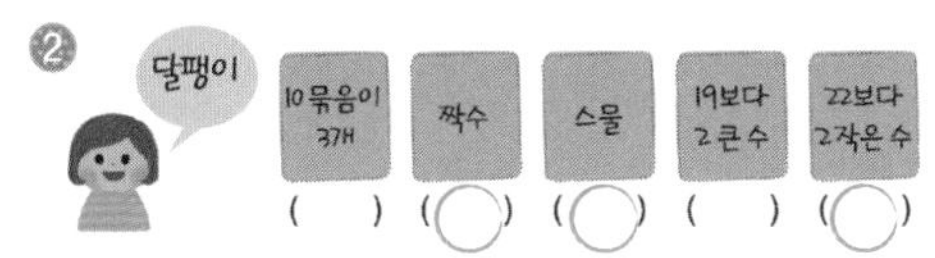

4 빈칸에 알맞은 수나 말을 써 보세요.

①

해바라기는 꽃잎이 (12)장, 초록색 잎이 (7)장 있어요.

해바라기 주위로 꿀벌 (10)마리가 윙윙 날아다녀요.

도로에는 예쁜 자동차가 (9)대 있어요.

길 양쪽으로 돌이 (22)개 있어요.

② 벌을 거꾸로 세어 보세요.

열 (아홉)(여덟) 일곱 여섯 (다섯)(넷)(셋) 둘 (하나)

3

① 연필은 14자루가 있습니다. 14는 짝수입니다.

② 달팽이는 20마리입니다. 20은 10묶음이 2개이고, 19보다 1 큰 수입니다.

4

② '열' 부터 세는 것과 '십' 부터 세는 것의 읽기 방법이 다릅니다. 거꾸로 셀 때에도 수를 정확하게 읽습니다.

풀이

5 큰 수부터 차례로 번호가 붙은 사물함을 보고 물음에 답해 보세요.

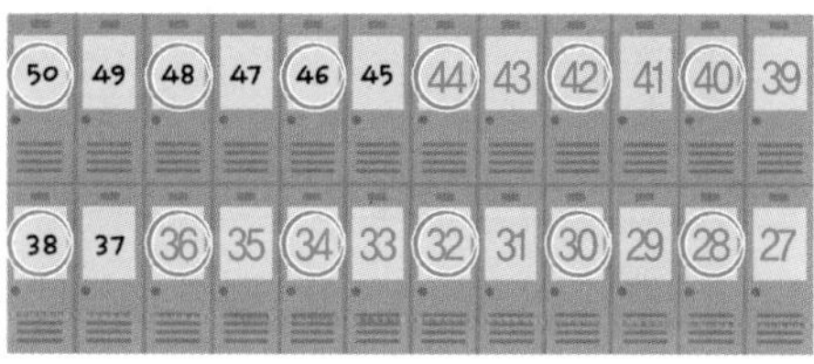

① 사물함의 빈칸에 들어갈 번호를 모두 쓰세요.

② 사물함의 번호 중 짝수를 모두 찾아 ○표 하세요.

③ 민영이의 사물함 번호는 서른셋입니다. 민영이 사물함은 (34)번과 (32)번 사물함 사이에 있습니다.

6 달력을 보고 물음에 답해 보세요.

① 찢어진 부분에 날짜를 써 넣어 달력을 완성하세요.

② 23일에는 소풍을 갑니다. 소풍 가는 날은 무슨 요일인가요?

금 요일

③ 달력에서 20보다 큰 홀수를 모두 찾아 쓰세요.

21, 23, 25, 27, 29, 31

풀이

5

① 50 이하의 수를 거꾸로 정확하게 세어 봅니다.

② 짝수는 일의 자리 숫자가 0, 2, 4, 6, 8입니다. 따라서 사물함 번호 중 짝수는 50, 48, 46, 44, 42, 40, 38, 36, 34, 32, 30, 28입니다.

③ 서른셋은 33이라고 씁니다. 33은 32와 34 사이에 있습니다.

6

① 달력에는 날짜가 순서대로 쓰여 있습니다.

② 달력에서는 요일과 같은 열에 쓰여 있는 숫자가 요일에 해당하는 날짜가 됩니다. 따라서 23일은 금요일입니다.

③ 홀수는 일의 자리 숫자가 1, 3, 5, 7, 9입니다. 따라서 20보다 큰 홀수는 21, 23, 25, 27, 29, 31입니다.

7 친구가 말하는 수 카드를 모두 찾아 줄로 이어 보세요.

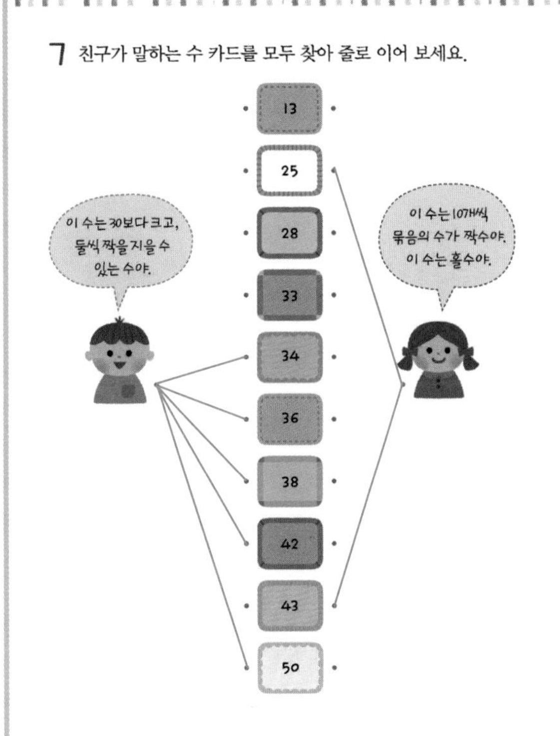

8 4장의 숫자 카드로 여러 가지 두 자리 수를 만들어 보세요.

① 만들 수 있는 두 자리 수 중에서 15보다 큰 수를 모두 쓰세요.

20, 21, 23, 30, 31, 32

② 만들 수 있는 두 자리 수 중에서 25보다 작은 짝수를 모두 쓰세요.

10, 12, 20

③ 만들 수 있는 두 자리 수 중에서 가장 큰 수를 쓰고, 짝수인지 홀수인지 쓰세요.

32, 짝수

7

가 말하는 수인 30보다 큰 짝수는 34, 36, 38, 42, 50입니다.

가 말하고 있는 수는 십의 자리 숫자가 2 또는 4이면서 홀수인 수입니다. 따라서 25, 43입니다.

8

③ 가장 큰 수는 32입니다. 32는 10개씩 묶음이 3개 있고 낱개가 2개이므로 짝수입니다.

[틀리기 쉬워요]

두 자리 수를 만들 때 0은 십의 자리 숫자로 사용할 수 없습니다.

풀이

82~83쪽

미리 알고 가기

이런 것들을 배워요

- 60까지의 수를 쓰고 읽을 수 있어요.
- 60까지의 수를 묶어 셀 수 있어요.

함께 알아봐요

60은 59보다 1 큰 수입니다.
60은 50보다 10 큰 수입니다.
60은 10개씩 6묶음입니다.
60은 육십 또는 예순이라고 읽습니다.

원리를 적용해요

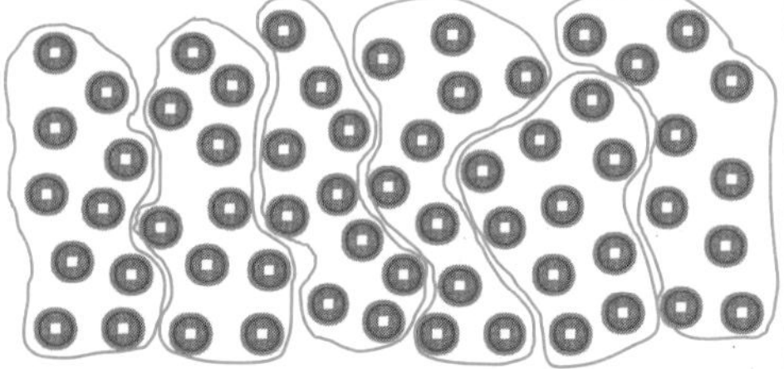

엽전은 10개씩 (6) 묶음이므로 모두 (60)냥입니다.

이야기 속 문제 해결

나무꾼은 털북숭이 장사꾼에게 얼마의 엽전을 받았는지 알아보세요.

① 나무꾼은 엽전 37개를 받고 남생이를 팔기로 했습니다. 엽전 37개를 10개씩 묶어 보세요.

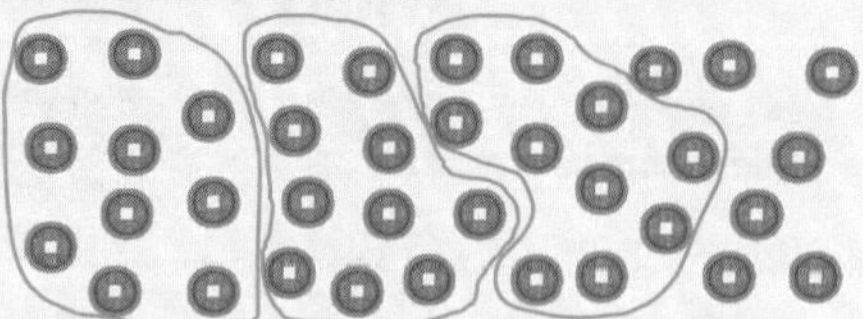

② 나무꾼은 홀짝 내기에서 이겨 엽전 서른 냥을 더 받았습니다. 엽전 서른 냥을 10개씩 묶어 보세요.

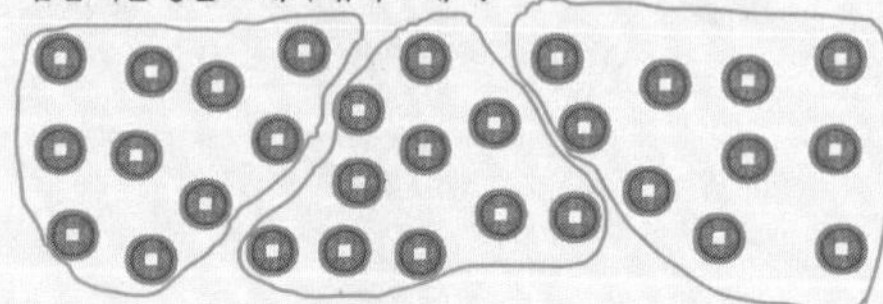

③ 나무꾼이 모두 얼마의 엽전을 받았는지 빈칸에 알맞은 수를 쓰세요.

엽전이 10개씩 (6) 묶음에 낱개 (7)개이므로 나무꾼은 털북숭이 장사꾼에게 모두 (67)냥의 돈을 받았습니다.

※다양한 방법으로 엽전을 10개씩 묶을 수 있습니다.

84~85쪽

실력 튼튼 문제

1 당근의 개수를 여러 가지 방법으로 세어 보세요.

① 당근을 2개씩 묶어 세어 보고 모두 몇 개인지 답하세요.

2개씩 (25)묶음 → (50)개

② 당근을 5개씩 묶어 세어 보고 모두 몇 개인지 답하세요.

5개씩 (10)묶음 → (50)개

③ 당근을 10개씩 묶어 세어 보고 모두 몇 개인지 답하세요.

10개씩 (5)묶음 → (50)개

2 10개씩 묶어 세고 2가지 방법으로 읽어 보세요.

①

40	사십
	마흔

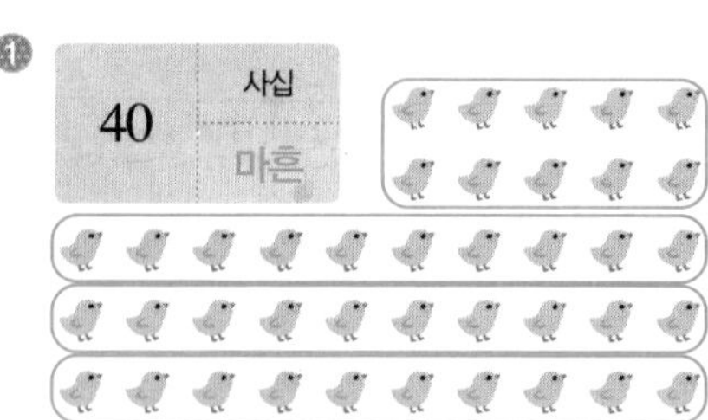

②

60	육십
	예순

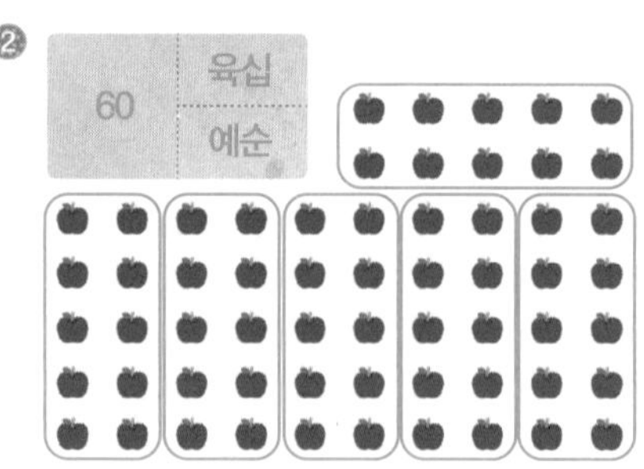

※다양한 방법으로 물건을 10개씩 묶을 수 있습니다.

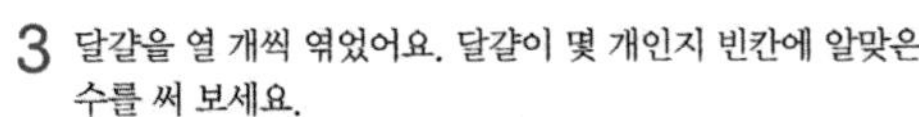
3 달걀을 열 개씩 엮었어요. 달걀이 몇 개인지 빈칸에 알맞은 수를 써 보세요.

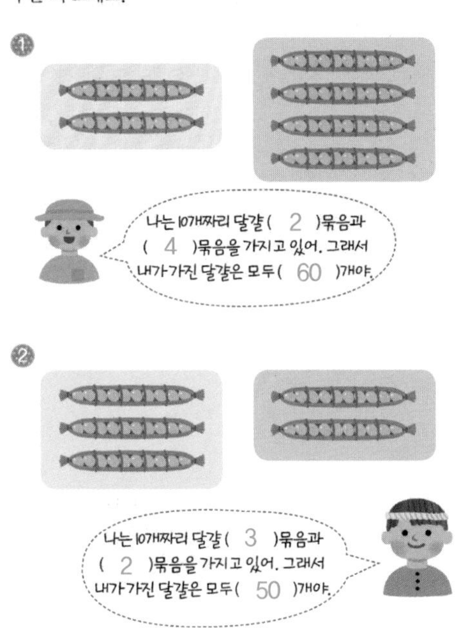

4 같은 수를 나타내는 카드끼리 줄로 이어 보세요.

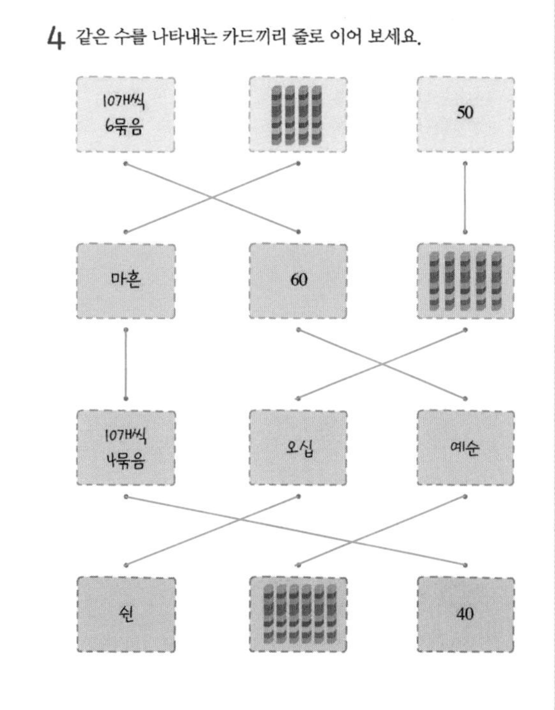

생각 열기

10개씩 묶어 세면 묶음 수가 십의 자리 숫자, 낱개 수가 일의 자리 숫자가 되므로 전체 개수를 알아볼 때 쉽게 알아볼 수 있습니다.

3

① 10개짜리 묶음이 모두 6개이므로 달걀은 60개입니다.

② 10개짜리 묶음이 모두 5개이므로 달걀은 50개입니다.

4

수	모형	묶음	읽기
40		10개씩 4묶음	사십
			마흔
50		10개씩 5묶음	오십
			쉰
60		10개씩 6묶음	육십
			예순

풀이

90~91쪽

✱ 이런 것들을 배워요

- 99까지의 수를 쓰고 읽을 수 있어요.
- 99까지의 수를 묶어 셀 수 있어요.

✱ 함께 알아봐요

75는 10개씩 7묶음과 낱개 5개입니다.
75는 칠십오 또는 일흔다섯이라고 읽습니다.

60	70	80	90
육십	칠십	팔십	구십
예순	일흔	여든	아흔

✱ 원리를 적용해요

엽전은 10개씩 (8) 묶음과 낱개 (6)개이므로 모두 (86)냥입니다.

이야기 속 문제 해결

털북숭이 장사꾼은 나무꾼에게 얼마의 돈을 주고 얼마의 돈을 돌려받았는지 알아보세요.

❶ 나무꾼이 털북숭이 장사꾼에게 받은 엽전을 10개씩 묶어 보고 모두 얼마인지 쓰세요.

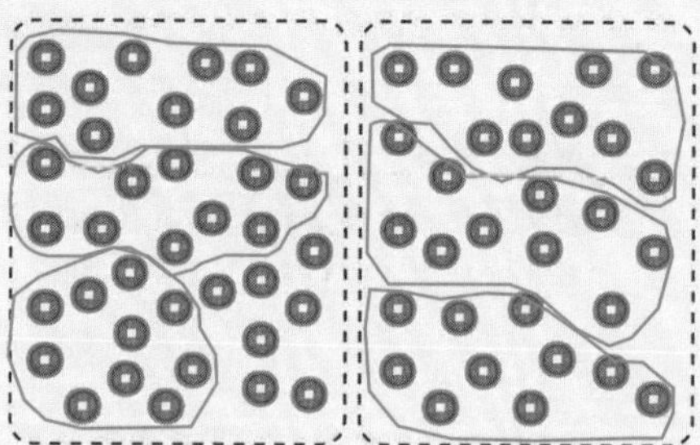

엽전은 10개씩 (6)묶음과 낱개 (7)개이므로 모두 (67)냥입니다.

❷ 털북숭이 장사꾼은 나무꾼에게 엽전 열 개씩 6묶음 하고 2개를 다시 받았어요. 돌려받은 엽전은 얼마인지 쓰세요.

돌려받은 엽전은 10개씩 6묶음과 낱개 2개이므로 모두 (62)냥입니다.

※다양한 방법으로 엽전을 10개씩 묶을 수 있습니다.

92~93쪽

실력 튼튼 문제

1 물건의 개수를 10개씩 묶어 세어 보세요. 모두 몇 개인지 부록에서 수 모형을 찾아 오려 붙이고 빈칸을 채워 보세요.

❶

10개씩 묶음	낱개
6	4
육십사	예순넷

❷

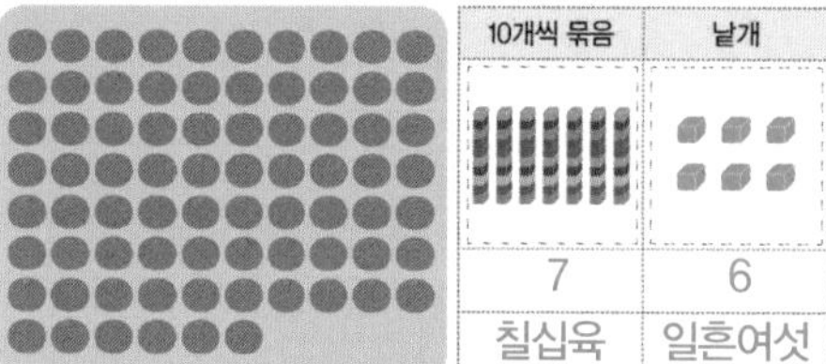

10개씩 묶음	낱개
7	6
칠십육	일흔여섯

2 곶감을 10개씩 꿰었어요. 곶감은 모두 몇 개인지 부록에서 수 모형을 찾아 오려 붙이고 빈칸을 채워 보세요.

❶

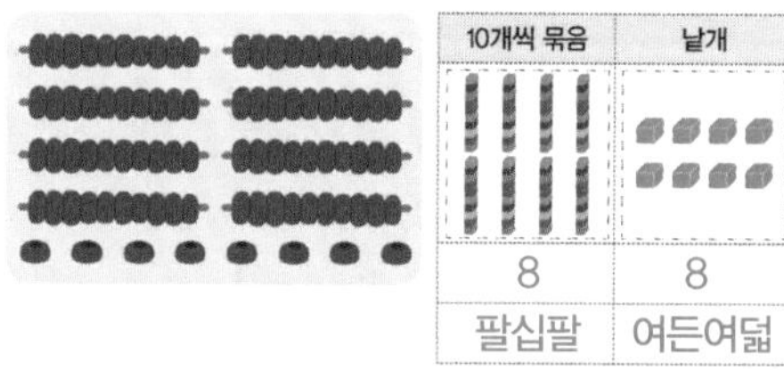

10개씩 묶음	낱개
8	8
팔십팔	여든여덟

❷

10개씩 묶음	낱개
9	5
구십오	아흔다섯

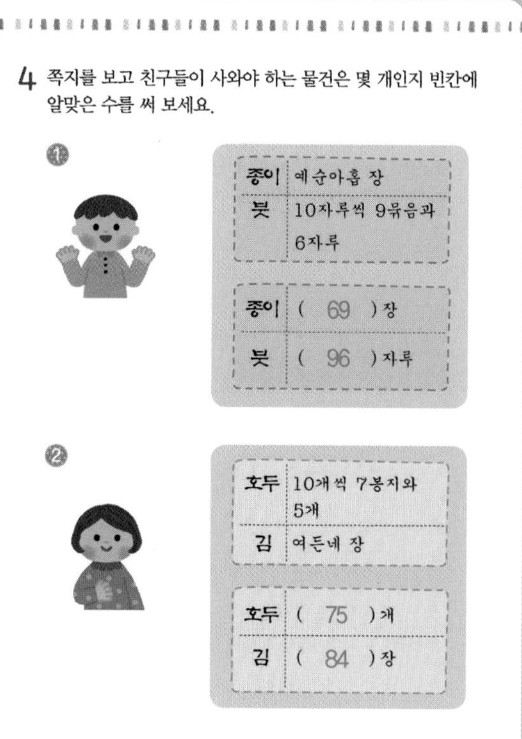

3

① 밤은 10개씩 3묶음인 30에 7개가 더 있으므로 모두 37개입니다.
73개는 10개씩 7묶음과 낱개 3개입니다.
73개는 일흔세 개 또는 칠십삼 개로 읽을 수 있습니다.
따라서 37이 다른 수입니다.

② 62개는 10개씩 6묶음과 낱개 2개입니다.
여든두 개는 82이므로 82가 다른 수입니다.

4

10개씩 묶음 수는 십의 자리 숫자, 낱개는 일의 자리 숫자를 나타냅니다. 수를 나타내는 다양한 표현들을 이해하여 수를 읽고 쓸 수 있도록 합니다.

98~99쪽

미리 알고 가기

이런 것들을 배워요

- 100을 이해하고, 수를 쓰고 읽을 수 있어요.
- 100까지의 수의 순서를 알 수 있어요.
- 100까지의 수의 크기를 비교할 수 있어요.

함께 알아봐요

99보다 1 큰 수를 100이라고 합니다.
100은 백이라고 읽습니다.

85는 78보다 큽니다. ➡ 85 > 78
78은 85보다 작습니다. ➡ 78 < 85

원리를 적용해요

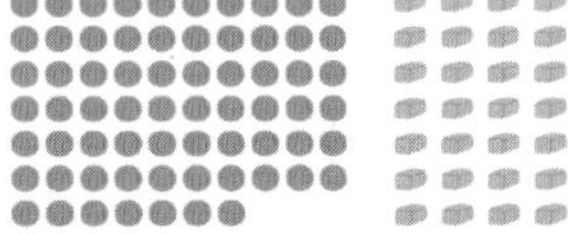

꿀떡은 (67)개 있고 인절미는 (71)개 있으므로 (인절미)이/가 더 많습니다.

이야기 속 문제 해결

남생이를 사기 위해서 서로 많은 돈을 준다고 하고 있어요. 누가 더 많은 돈을 준다고 말했는지 알아보세요.

1 알맞은 말에 ○표 하고, ○ 안에 > 또는 <를 쓰세요.

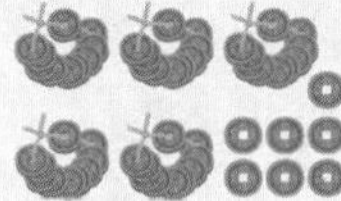

57은 73보다 (큽니다, 작습니다). ➡ 57 < 73
73은 57보다 (큽니다, 작습니다). ➡ 73 > 57

2 더 많은 엽전을 준다고 한 장사꾼에게 ○표 하세요.

①

( ) (○)

②

(○) ( )

100~101쪽

실력 튼튼 문제

1 수의 순서를 알아보세요.

1 수의 순서에 맞게 빈칸에 알맞은 수를 쓰세요.

2 빈칸에 알맞은 수를 쓰세요.

99보다 1 큰 수는 (100)입니다.
70보다 1 작은 수는 (69)입니다.
81과 83 사이에 있는 수는 (82)입니다.

2 장터에서 잔치가 벌어졌어요. 사람들은 떡도 만들고 전도 부쳤어요. 떡과 전의 개수를 알아보고 수를 비교해 보세요.

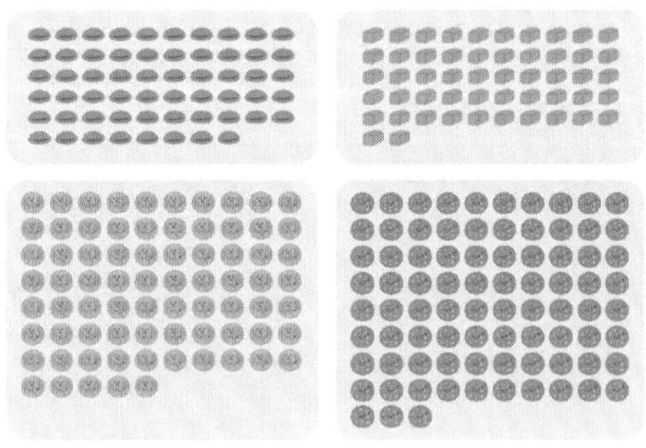

1 바람떡( )과 인절미( )는 각각 몇 개씩 있습니까?
: (58)개, : (52)개

2 바람떡( )과 인절미( ) 중에서 어느 것이 더 많습니까?
(바람떡)

3 파전( )과 김치전( )의 수를 각각 □ 안에 쓰고 ○ 안에 > 또는 <를 쓰세요.

75 < 83

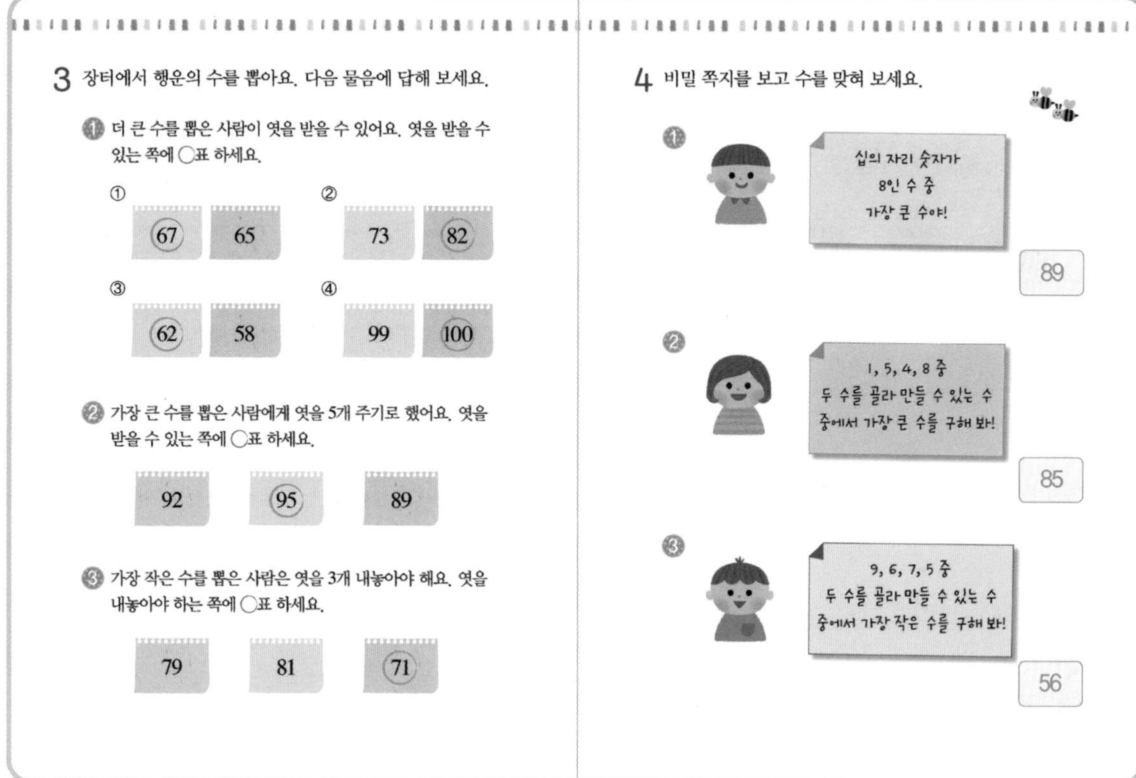

3

십의 자리 숫자를 비교해 더 큰 수, 더 작은 수를 가려낼 수 있습니다. 10개씩의 묶음 수는 십의 자리 숫자, 낱개는 일의 자리 숫자를 나타냅니다.

이때 만약 십의 자리를 나타내는 숫자가 동일하다면 10개씩 묶고 난 뒤, 남은 낱개의 수를 세어서 더 큰 수, 더 작은 수를 찾아냅니다.

4

① 십의 자리 숫자가 8인 수 중 가장 큰 수를 만들기 위해서는 일의 자리 숫자가 0부터 9까지의 숫자 중 가장 큰 수여야 합니다. 따라서 89가 됩니다.

② 주어진 수 중 두 수로 가장 큰 수를 만들려면 십의 자리 숫자가 가장 커야 하고 두 번째로 큰 수가 일의 자리 숫자여야 합니다.

③ 주어진 수 중 두 수로 가장 작은 수를 만들려면 십의 자리 숫자가 가장 작아야 하고 두 번째로 작은 수가 일의 자리 숫자여야 합니다.

풀이

10	20	30	40	50	60	70	80	90
십	이십	삼십	사십	오십	육십	칠십	팔십	구십
열	스물	서른	마흔	쉰	예순	일흔	여든	아흔

② 콩의 수를 10개씩 묶어 세어 빈칸에 알맞은 수나 말을 쓰세요.

콩은 10개씩 (7)묶음과 낱개 (4)개이므로

모두 (74)개입니다.

이 수는 (칠십사) 또는 (일흔넷)(이)라고 읽습니다.

2 수가 없는 빈 항아리에 순서에 맞게 알맞은 수를 써 보세요.

① 66 67 68 69 70 71

② 92 91 90 89 88 87

풀이

1

다양한 수 읽기 연습을 통해 여러 표현들을 이해 합니다.

2

① 항아리에 쓰인 수는 오른쪽으로 갈수록 1씩 커집니다.

② 항아리에 쓰인 수는 오른쪽으로 갈수록 1씩 작아집니다.

3 수의 크기를 비교하여 빈칸을 알맞게 채워 보세요.

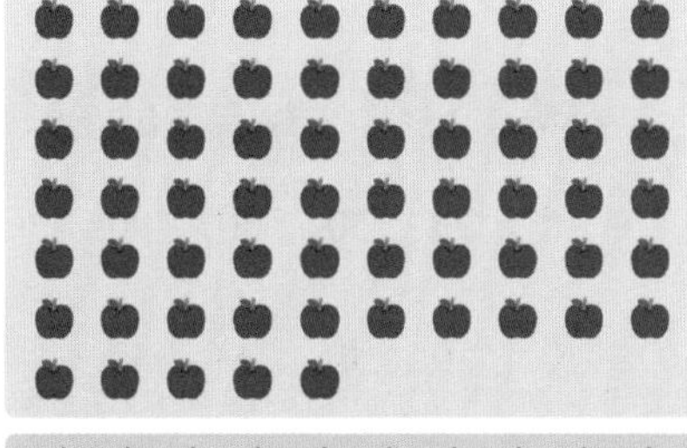

사과는 (65)개, 배는 (73)개 있으므로 (배)가 더 많이 있습니다.

4 수의 크기를 비교하여 빈칸에 알맞은 수를 쓰세요.

① 90보다 10 큰 수는 (100)입니다.

② 80보다 1 작은 수는 (79)입니다.

③ 91과 94 사이에 있는 수는 (92), (93)입니다.

5 □ 안에 들어갈 알맞은 숫자를 모두 찾아 ○표 해 보세요.

① 63 > 6□ — (0), (1), (2), 3, 4, 5

② 77 < □9 — 4, 5, 6, (7), (8), (9)

6 사람들은 한 줄로 서서 원님에게 곡식을 받고 있어요. 나무꾼이 58번과 63번 사이에 서 있다면 58번과 63번 사이에는 몇 명이 서 있을까요?

4 명

3

배는 10개씩 7줄과 3개가 있으므로 73개이고 사과는 10개씩 6줄과 5개가 있으므로 65개입니다. 10개씩 묶음이 더 많은 배가 사과보다 더 많습니다.

5

① 63보다 작으면서 십의 자리 숫자가 6인 수는 62, 61, 60입니다.

② 77보다 크면서 일의 자리 숫자가 9인 수는 79, 89, 99입니다.

[틀리기 쉬워요]

77보다 큰 경우 십의 자리 숫자로 8과 9만 생각할 수 있습니다. 하지만 일의 자리 숫자가 7이므로 79도 77보다 더 큰 수입니다.

6

수의 순서를 생각하면 58－59－60－61－62－63이므로 58과 63 사이에는 4명이 있습니다.

7 지수는 쪽지에 있는 수만큼 밤을 사와야 해요. 몇 개를 사야 할지 알아보세요.

십의 자리 숫자와
일의 자리 숫자의 합이 7이란다.
십의 자리 숫자가
일의 자리 숫자보다 크지.
이 수는 50보다 작단다.

① 십의 자리 숫자와 일의 자리 숫자의 합이 7이 되는 두 자리 수를 모두 쓰세요.

16, 25, 34, 43, 52, 61, 70

② ①의 수 중 십의 자리 숫자가 일의 자리 숫자보다 큰 수를 모두 쓰세요.

43, 52, 61, 70

③ ②의 수 중 지수가 사와야 하는 50보다 작은 수를 쓰세요.

43

8 10에서 90까지의 수를 순서대로 한 번씩만 지나 장터 구경을 해 보세요.(단, ↖, ↗, ↘, ↙방향으로 갈 수 없습니다.)

풀이

7

①

[틀리기 쉬워요]

십의 자리 숫자와 일의 자리 숫자의 합이 7이 되는 경우를 쓸 때 16, 25, 34, 43, 52, 61, 70과 같이 순서대로 써야 수를 빠뜨리거나 중복해서 쓰지 않을 수 있습니다.

[참고]

십의 자리 숫자와 일의 자리 숫자의 합이 7인 두 자리 수에서 07은 일반적으로 사용하지 않는 수이며 두 자리 수라고 할 수 없습니다.

생각 열기

퍼즐식 수학 문제를 해결하는 것은 수학에 대한 흥미를 높여 주며 논리적 사고력을 키워 줍니다.

8

[틀리기 쉬워요]

무작정 10부터 90까지 연결하려다 보면 여러 번의 시행착오를 겪을 수 있습니다. 따라서 전체 수들 중에서 시작점인 10은 어디에 있고 몇 개가 있는지 또 도착점인 90은 어디에 있고 몇 개가 있는지를 먼저 살펴본다면 시작 지점과 목표 지점을 예상할 수 있어 시행착오를 줄일 수 있습니다.

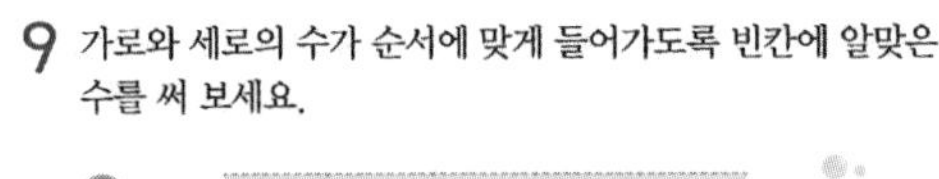

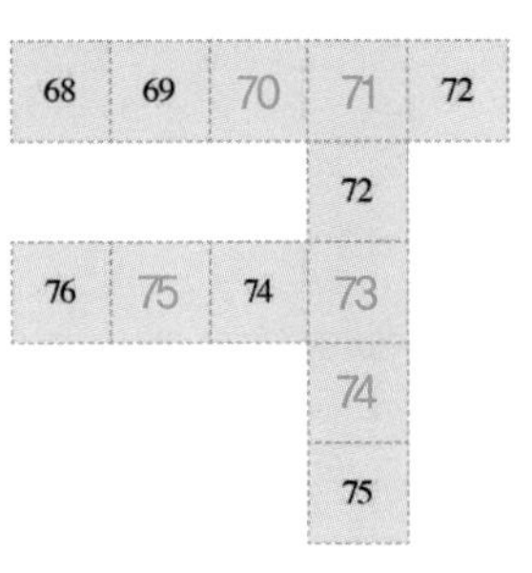

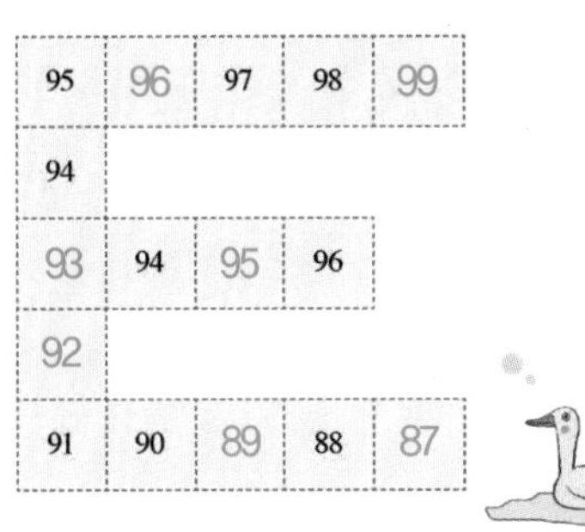

9

수가 커지고 있는지 작아지고 있는지, 수들의 규칙을 찾아 문제를 해결합니다.

❶

❷

10

❶ 주어진 4개의 수를 이용해서 짝수를 만들려면 일의 자리 숫자는 6이어야 합니다. 또 70보다 커야 하므로 만들어야 하는 수는 76입니다.

❷ 60보다 작은 수를 만들려면 십의 자리 숫자가 1 또는 5여야 합니다. 60보다 작은 수 중 가장 큰 수를 만들어야 하므로 십의 자리 숫자는 5, 일의 자리 숫자는 7인 57이 됩니다.

종이 부록

수 카드

62쪽 사용

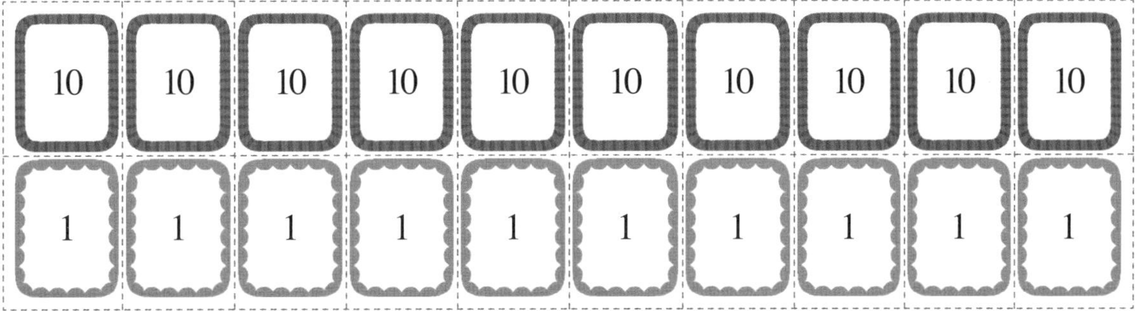

수 모형

92~93쪽 사용

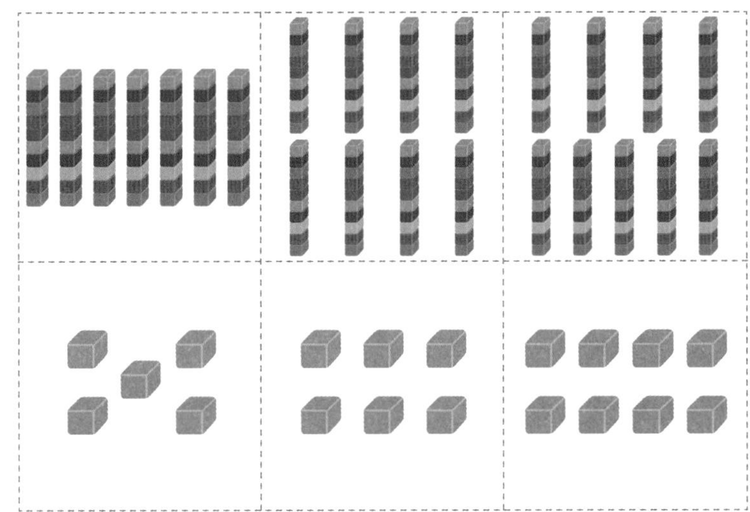

가위질은 집중력과 인내심을 길러 줍니다. 스스로 모양을 예쁘게 잘라 보세요!

10	10	10	10	10	10	10	10	10	10
1	1	1	1	1	1	1	1	1	1

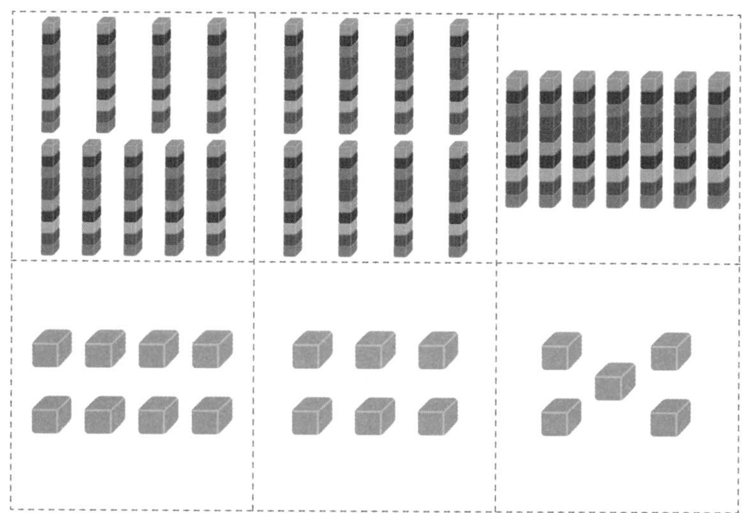

동물

16쪽 사용

장난감

44쪽 사용